U0030528
傳說

龜魚傳說

蟲魚傳說
動物篇

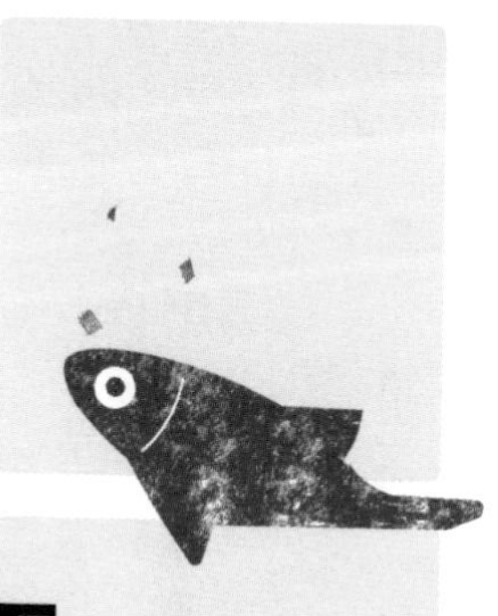

成語動物學

閱讀成語背後的故事

前國立台灣大學昆蟲學系名譽教授
朱耀沂——著

目錄

第三篇 傳說動物

推薦序

讓好奇的人類 知其然 也知其所以然

閱讀朱教授的這本《成語動物學》，猶如在逛一種另類的動物園，裡面包羅萬象，不一而足，舉凡牽涉到蟲魚鳥獸的成語，大都囊括其中。而講到動物園，不禁讓我想到《好奇的人類》一書的作者萊歐．華生。身為動物行為學博士又曾任動物園主的他，依其獨到的敏銳觀察力將動物歸為兩大類型：獅型動物天生慵懶，在牢籠中天天睡覺，無所事事；虎型則無法忍受怠惰，是個機會主義者，關在籠中顯現不安，四處踱步。華生發現人類的特性也屬於虎型，推論由於人類早期的生活環境需要密集而主動探索，導致現在很容易就有行為氾濫的傾向，不斷在生命過程中尋找更為複雜的表達形式。

成語的使用與發展，正符合上述所謂「好奇的人類」所做的複雜而傳神的表達。這些言簡意賅的成語，背後都隱藏著一些故事，然而，隨著時間的流轉，許多原意漸漸流失，我們往往使用時只知其然，卻不知其所以然。於是，「好奇的人類」又會想進一步了解事物的來源，探究背後的成因，我想這也是促成此書的潛在因素之一。坊間有許多闡釋成語故事的書籍，其中多數著重於說明背景的歷史故事，偏向人文方面，即使是解釋到涉及自然方面的成語，也多圍繞在現象面的說明，至於其背後究竟有何道理，就像是失落的一環，而此書剛好補此缺憾。

拜讀朱教授這本《成語動物學》，無異是開了眼界！這才驚覺有關動物的成語竟有如此之多，朱教授整理出兩百多則，仍在後記中慨歎有遺珠之憾。全文分上下冊出版，第一冊為〈鳥獸篇〉，第二冊則為〈蟲魚傳說動物篇〉。在書中，朱教授不僅說明這些成語的背後起源，引述歷史故事或經典文句出處，同時以他的科學專業，進一步敘述這些動物的相關生活習性與行為等，旁徵博引，豐富有趣，全書可謂是以成語為貫串主軸的動物學百科。此外，書中有時還會與國外類似的成語互相對照，例如「一箭雙雕」與「一石二鳥」，一中一西各自發展出相同的意涵，形成東西文化相互輝映的異曲同工之妙。更棒的是，朱教授在書中穿插了很多自己手繪的可愛動物圖，不得不令人佩服這位左右腦都發達的學術界奇人。

朱教授是昆蟲界的大師，我雖然從沒能真正修過老師的課，但是受益於他很多，可謂是私淑弟子。而認識的人都知道他知識淵博，實為一位博物學家，相形於他所知道的學問，昆蟲知識真只能算是「雕蟲小技」，讀者可以從他此書及已發表的作品窺知。而此書內容橫跨文史，又讓我見識到朱教授的功力。我懷疑朱教授或許以為我在大學時，由文學院歷史系轉到昆蟲系，可能較有文學造詣與歷史知識，因此給我這機會寫序，完全沒有考慮我可能只是個「紙紮老虎」或可能「梧鼠技窮」！也或許他是想藉此機會展現實力，果然他成功了，拜讀此書，我對朱教授的敬佩又加三分，五體投地，只好「鸚鵡學舌」也來舞文弄墨一番！然寫此序言，相對於書中豐富的內容，令我感到捉襟見肘、相形見絀，加上時間匆促，「狼吞虎嚥」地讀完全文，序言寫來還真有「狗急跳牆」之感。但是答應老師在先，縱有「騎虎難下」之窘境，也非效此「犬馬之力」不可。希望此序文不致「狗尾續貂」，在老師退休後的系列精采書籍與眾多前輩的序言佳作之後，因我而壞了水準。不過私心想來，拜老師之大名為他寫序，或許我日後可以因此而「狗仗人勢」、「狐假虎威」，招搖一番！

以上借用本書的一些成語，雖有濫用之嫌，唯望讀者包涵。有興趣的話，可進一步由本書查到典故與說明，欣賞朱老師如何以博物學家的觀點述說成語故事，滿足我們這些「好奇的人類」。

國立中興大學昆蟲學系教授　楊曼妙

各界專業名家推薦

在《成語動物學》中，朱耀沂教授跳脫了以往成語釋義的窠臼，從科學的觀點提出了新的問題或看法，再結合許多有關動物形態、生理、行為、生活史的發現與分析，進而提出新解，並且適時地引出許多保育的理念。每則成語不過一千餘字，從引言、提問、分析到總結一氣呵成；引述的動物資料豐富多樣，分析的條理清楚易懂，而且文字生動有趣，讓人忍不住循著每則成語一路看下去，為精采的內容拍手叫好。

——臺灣大學生態學與演化生物學研究所教授　李玲玲

對學生來說，由於盛傳升學作文測驗時多用成語會加分，對大人而言，談話中引用成語也具有會心一笑的樂趣，因此這些年坊間的成語書出版得很多，但是朱教授這本《成語動物學》是一本絕對令你驚豔的作品，從書中我們不只認識成語的典故，還以生動的文筆將傳說、科學及保育觀念融合在一起。這本書不但能增加我們閱讀寫作與言談的能力，更可以是我們認識自然生態與開啟我們進入自然的行動契機。

——荒野保護協會榮譽理事長　李偉文

比喻是一個重要的修辭法，採用植物的特性或動物的行為與習性，及其與人類的關係的成語，可充分表達我們心中的最精微與深層的意涵，也更能引起我們的共鳴。本書解說動物成語的科學問題，可進一步了解比喻的妙語。

——生態學家　金恆鑣

假如讀成語能像逛動物園一樣，那有如在鬱鬱叢林深處與野生動物相遇的驚喜，只有閱讀朱耀沂教授的《成語動物學》方有如此感觸。透過朱耀沂教授的博學，他細心解說鳥獸蟲魚相關的成語故事，更能體會我們中文用語的精緻表現，成語結合動物學是百科辭典中的百科。

——東海大學大渡山學會榮譽講座教授　林良恭

這本《成語動物學》是由治學嚴謹的動物學家朱耀沂教授，以現代的動物科學論據，來重新詮釋我們耳熟能詳及常運用的成語，賦以這些成語新而正確的論點，讓我們對諸多動物有更深入與廣泛的認知，可謂是一本現代的「新鳥獸蟲魚疏」，值得一再詳讀。

——前台北市立動物園園長 陳寶忠

朱耀沂教授是有名的昆蟲學家，他的博學多聞和興趣寬廣在學術圈中更是眾所周知。朱教授以他深厚的專業基礎，以及他對大自然廣泛的知識，深入淺出地帶領讀者瞭解與動物相關的成語的由來，解釋了其中的意涵，並進一步討論與成語內容相關的當今社會或環境現象。此書應該是每戶必備的參考書或課外讀物。

——前中央研究院生物多樣性研究中心研究員 劉小如

作者 序

為動物成語驗明正身

略為認識我的人一定會很驚訝，我現在竟然搞出《成語動物學》這種玩意來，因為我國語程度之差是很有名的。最近四、五年我寫了數本書，其資料來源大多來自我在台大任教期間，抽空蒐集的文獻。為了引證內容的正確性或補充一些內容，退休後這幾年我又蒐集了不少的資料，在涉獵各種報告或編寫的過程中難免會看到一些成語，其中以動物為題材的為數不少，對昆蟲以外的動物也感興趣的我，看了這些成語總有另番感受，有些成語從自然科學的角度來看，言之有理，讓研究昆蟲或動物的人會心一笑，但有些則是穿鑿附會，距離科學事實甚遠。

我翻了兩、三本成語辭典般的書籍，一看，奇哉！有四千餘年歷史文化的中國，創造了一堆成語與俗語，認真地算少說也有上萬則，其中出現動物名的不下一千則。一向對中國文學（或說任何文學）淺學的我，對書中大多數的成語都很陌生，有不少看了說明還是不懂其意，但有些看了心中別有一番滋味，我選擇了二百零七則冠上動物名的成語或諺語，寫下我個人的解讀或感想。

其實坊間成語辭典、故事之類的書籍已出版好幾十種，大多由中文專家所執筆，裡面偶爾可以看到一些動物成語有動物學者的附註說明，但不外是對該動物的一般介紹，說明流於表象。例如「飛蛾撲火」，只就蛾的外形、習性做一般性的說明，未介紹蛾為何撲火，甚為可惜。其實若能說明蛾為何要撲火、撲火的習性從哪裡來，對這則成語的認知將更加精確，也更能讓讀者領略其中意趣。因此我不顧自己中文之淺薄，興起為動物成語「驗明正身」的念頭，雖然這樣做根本是蚍蜉撼樹，然而在逐一解讀成語的過程，我深深被文字表象下的自然智慧吸引，沉浸在追根究柢的樂趣中。

在蒐集資料的過程裡，我發現歐美社會中也使用不少動物成語。對於一些動物的觀感，東、西方皆然，例如以老鼠形容膽小，以狐狸形容狡猾，以驢形容愚笨、頑固等；但對某些動物則有不同的看法。例如，在東方，老虎既代表勇敢、威武、雄壯，也被視為殘忍、兇惡；但西方對老虎似乎只有負面的評價，對獅子反而有正面的肯定。這使我想起英國作家吉卜林（Rudyard Kipling）的名句：Oh, East is East, and West is West, and never the twain shall meet.（東方是東方，西方是西方，兩者永不相遇），不禁莞爾。我想，正因為有各種不同文化背景的人，生活在這個地球上，對事物有不同的詮釋，這個世界才會呈顯如此繽紛的樣貌、多元的價值觀！

第一篇

魚類

【水清無魚】

水太清澈，魚就無法生存。比喻人過於明察，就沒有朋友。

【相似詞】曲高和寡。

這則成語來自《漢書．東方朔傳》：「水至清則無魚，人至察則無徒。」在大部分的情況下，水清的確無魚。

先就最極端的例子來說，蒸餾水或純水不能用來養金魚，因為溶解於水中的鈉、鈣、氯等各種離子是魚生存所需的物質，除掉這些離子，牠們就無法生活。談到自然界的河流、湖沼或海洋，在透明度較高的「水清」水域，通常硝酸鹽、磷酸鹽等營養鹽的含量較少，相反地水濁時含量較多。

營養鹽一旦缺乏，植物性浮游生物就發育得不好，以它維生的動物性浮游生物就會變少，連帶影響取食動物性浮游生物的小魚、和取食小魚的大型魚的生存，自然就出現「水清無魚」的景象。

但奇妙多樣的自然界也有一些特別的例子。例如，赤道附近的海域透明度相當高，但海底仍藏有豐富的營養鹽類，這些物質遇到低溫海流沖激，會湧到上層，形成極佳的漁獲水域。此外，如虹鱒等以水棲昆蟲維生的溪流性魚類，也是水清才能生活的魚。

位在俄羅斯西伯利亞南部的貝加爾湖是世界最深的湖泊，最深處超過一千六百二十公尺，平均深度約七百三十公尺，面積三．一五萬平方公里，透明度高居世界第二，僅次於日本北海道的摩周湖。

即使是清澈的貝加爾湖，也已發現五十七種魚，其中包括體長近二公尺的貝加爾鱘魚，還有約六萬隻貝加爾海豹，這是世界上唯一生活在淡水的海豹。從這點就知道，貝加爾湖至少棲息了可以滿足六萬隻海豹胃口的魚類！可見「無魚」不在於水清或不清，而在於水的品質。

舉例來說，橫跨以色列與約旦國境的死海，是世界上最鹹的湖泊，也是地勢最低的湖泊，湖水的鹽分濃度是一般海水的七～十倍，魚沒有辦法在裡面生活。因為在這種高濃度的鹹水中，魚受到滲透壓的作用，體內的水分會從鰓流出，造成體液濃度過高而死亡。

此外，過高的酸性也影響魚鰓的功能，而流進體內的鹽分也會使魚致死。

由此可知，水裡的鹽類濃度是決定魚類存活的關鍵因子。淡水魚無法在鹽分濃度約百分之三的海水生活；鹹水魚也不能棲息在鹽分濃度只有海水千分之一的淡水。其實無論是淡水魚或鹹水魚，體液內鹽分濃度都維持在百分之一左右。

鹹水魚為了防止體內水分流出，會不斷地喝下大量的海水，從小腸吸收水分，在此同時也吸收了過量的鹽分離子，為了降低體液中鹽分離子的濃度，牠具備排尿功能，但排尿量不多。

另外，在鰓部還有能排出鹽分離子的特殊細胞——鹽類細胞。淡水魚為了預防脹水，會盡量少喝水，為了阻止呼吸時水分從鰓進入，牠利用腎臟、膀胱回收鹽分，排出幾乎不含鹽分的大量尿液；另一方面，鰓也具備吸收鹽分的功能，以維持體液內鹽分的濃度。

至於鰻魚、鮭魚等，來往於淡水及海水的魚類，牠們依據兩種荷爾蒙的作用，增加或降低從鰓及體表進入體內的水分。也就是說，從海洋移往河流時，分泌一種荷爾蒙，使水分不易經過鰓部體表進入體內；從河流移往海洋時，則分泌另一種荷爾蒙，促進胃腸、腎臟吸收水分的作用。

這兩種荷爾蒙也具有調節排尿量及尿中鹽分濃度的功能，並能調節鹽類細胞的數目。由於荷爾蒙分泌功能的改變，不是一、兩天即可完成，因此在改變生活水域前，牠們會先在淡水與海水混流的河口地帶（汽水域），暫待一段時間，等到身體適應後才開始遷移。

【如魚得水】

好像魚和水般的契合。比喻得到志同道合的人或適合自己發展的環境。也用來形容筆法靈活。又作「如魚似水」、「猶魚得水」、「猶魚有水」、「魚水相得」。

「如魚得水」是我們日常生活中很常用的成語，用魚在水裡悠游的場景，來比喻人際關係融洽，或能力得到發揮的感受，看似簡單平凡，其實很有深意。大部分的魚離不開水，一離開水，就會奄奄一息，最終還會因呼吸困難而死亡，只有極少部分的魚離開水後還能暫時生活。魚和水關係密切，魚、水儼然一體，也可從「魚水之歡」、「池魚之殃」、「殃及池魚」、「魚幫水，水幫魚」的成（諺）語，窺知一二。而英文以 like a fish out of water 來形容侷促不安、處境陌生，更是一絕。

魚不能離開水而生活，是身體構造使然。魚類以鰓呼吸，利用溶解於水中的氧氣。魚的鰓上有大量的微血管，鰓外有角質的鰓蓋，呼吸時嘴巴、鰓蓋並用。張嘴吸水時，鰓蓋就閉著，防止水流出；一閉上嘴巴，鰓蓋就打開。嘴巴流進去的水，通過鰓，再從打開的鰓蓋流出，當水流過鰓上的微血管時，水中的氧氣分子穿過微血管的薄壁，進入微血管中，和紅血球結合。因此，離開了水，魚就得不到氧氣。

由於溶解於水中的氧氣含量非常少，一公升所含的氧氣不到十毫升，即不到百分之一，為了取得足夠的氧氣，魚只好不斷地開闔鰓蓋，熱量的總消耗量的十分之一都用在呼吸上。一公升空氣中通常含有二百毫升的氧氣，哺乳類動物呼吸所用的熱量，卻只佔熱量總消耗量的百分之一～二而已，因此，由海洋到陸地發展的動物們，都採取肺呼吸，從空氣中取得氧氣。哺乳類動物肺臟所佔的體積，大致為身體的百分之一．一，為了取得空氣中的氧氣，它與空氣接觸的面積（表面積）甚大。以人為例，通常皮膚的表面積為一．五平方公尺，但肺臟竟高達七十平方公尺，相當於一間小公寓的建坪數。

那麼屬於哺乳類的鯨，為何能夠長時間潛水？例如我們人潛水一、兩分鐘就覺得累了，抹香鯨卻可以潛水一個小時。原來包括人類在內的陸棲動物，一次能夠交換的空氣量，不過佔整個肺部空氣的百分之十～十五，但鯨一次的呼吸，竟能交換百分之八十～九十的空氣。不僅如此，鯨、海豹等海棲性哺乳類動物的肌肉，含有與血紅素作用相同、可以蓄藏氧氣的肌紅蛋白，這是鯨能夠長時間潛水的關鍵。

由此可知，魚在水中游來游去，一派悠哉，只是表象而已，從水中取得氧氣不是輕鬆的事，得不時張嘴、運作鰓蓋。想來英文的drink like a fish（狂飲）、drunk as a fish（爛醉如泥），還真是妙喻啊！

【吞舟之魚】

暴漲的大水和凶猛的野獸；比喻巨烈的禍害。

這則成語出自《莊子．庚桑楚》：「吞舟之魚，碭而失水，則螻蟻能苦之。」

提到吞舟的大魚，略為了解基督教文化的人，可能立刻會聯想到吞下約拿的巨鯨。根據《聖經》的記載，約拿在鯨肚中祈禱，安然度過三天三夜，看來這頭巨鯨應該很大。不過，鯨是哺乳類動物，不是魚。在童話故事《木偶奇遇記》裡，也有一隻吞了老爺爺和他坐的船、以及木偶皮諾丘的大魚。這隻赫赫有名的吞舟之魚，顯然是仿效約拿故事所杜撰出的動物。

那麼自然界裡，最大的魚到底有多大？當屬鯊魚之類。依現存的正確紀錄來看，俗稱「豆腐鯊」的鯨鯊（*Rhincodon typus*）體型最大，全長有二十公尺，體重約四十公噸。但牠與世界上最大型的哺乳類動物藍鯨相比，仍略遜一籌，藍鯨體長約三十公尺，體重一百八十公噸。根據古生物學者的研究，在古生代寒武紀（距今約五．四億～五．〇五億年前）時，已出現最原始的魚，牠只有十多公分的體長，經過四、五億年的演化，今天最大型的魚，體長竟然達數十公尺，實在不可思議。

雖然很多鯊魚都是肉食性，但體型最大型的鯨鯊卻生性溫順，而且因為體型龐大而動作緩慢。卵胎生的鯨鯊以浮游生物維生，口腔裡雖然有三百支圓錐型的小牙，但不適合咬住獵物，因此只能張大嘴巴，一口一口地吞下小型動物。除了體型驚人外，鯨鯊也以產大型卵而聞名。一九五三年在墨西哥灣首次發現的鯨鯊卵，長三十公分、寬十四公分、厚九公分，內有體長約三十五公分的胎兒。

至於最小型的鯊魚，應是生活於溫帶與熱帶深海的刺侏儒鯊（*Squaliolus laticaudus*，小抹香鮫），體長只有十五～二十公分。最小型的魚則是生長在印尼蘇門答臘和馬來西亞所屬的婆羅洲，酸性甚高的沼澤地區的*Paedocypris progenetica*，這種魚細小透明，是鯉魚的遠親，成魚體長僅七．九公釐，大小相當於一隻較大型的蚊子。其次是生活在西太平洋海域的侏儒蝦虎魚（*Trimmatom nanus*），體長八公釐。如此看來，最大型的魚和最小型的魚竟相差有二千倍。

但鯨鯊再怎麼大，要將一艘小艇吞下肚，幾乎是不可能的。

【河魚之疾】

魚類腐爛先從腹部開始，以此比喻腹瀉。又作「河魚腹疾」、「河魚之患」。

這則成語出自北宋蘇軾的〈與馮祖仁書〉：「又苦河魚之疾，少留調理乃行。」其實早在春秋時代的《左傳》，就曾提到：「河魚腹疾奈何？」

為何魚從腹部開始腐爛？尤其鯖魚（花飛）更以迅速失去新鮮度而有名。找來剛釣上岸（不是網撈）的鯖魚，切開鰓和尾部，把血放出來，然後將牠放在攝氏零度以下，兩個小時後，牠的身體開始僵硬；十個小時後，牠的身體開始變軟，也就是說鯖魚在死後不到半天，就失去新鮮度。

但鯛魚之類較容易維持新鮮度，在同樣的處理下，四個小時後魚身才開始僵硬，五十六個小時後才開始軟化。這是因為鯖魚、鮪魚等肌肉紅色的魚，所含的高能量物質ATP在魚死後分解速度較快，而縮短了變硬的時間。

當魚開始變硬，魚肉的蛋白質就受到蛋白酶的作用而分解，肉質就會愈來愈軟，而且愈不新鮮。而鯖魚肌肉軟化的速度又比其他魚類快，在肌肉的軟化階段，蛋白質被分解為低分子的胜（peptide）、氨基酸等，更加快肌肉軟化的過程，並促使附生於肌肉中的微生物急速繁殖，遂造成肌肉腐敗。

由於魚肉含有水溶性游離氨基酸、醣類、有機酸、無機鹽類、維生素等營養物，因此往往魚一旦死亡，身體變硬後，就有微生物在上面繁殖，而且這種水溶性成分愈多時，微生物的繁殖就愈明顯，鯖魚便是最典型的魚種。尤其鯖魚肌肉中的組胺酸（histidine）含量高，經過微生物分解後，變成會讓人引起過敏反應的組織胺（histamine），組織胺往往在魚呈現不新鮮，發出魚腥味——胺（amine）、氨基酸味之前，就已經蓄積在魚肉裡了，因此體質較特別的人，取食尚稱新鮮的鯖魚時，也會有食物中毒或過敏性皮膚炎的反應。因此，鯖魚可說是稍微不新鮮，就會讓人吃壞肚子的魚種，這類有危險性的魚，肉大多呈紅色。至於鯛魚、石斑魚、鱸魚等魚種則肉多呈白色。

魚肉不管紅色或白色，都各有優點，但病人或嬰兒的食物，多以白色魚肉為主，主要的原因在於脂肪含量較少，較易消化。白色魚肉的脂肪含量大致百分之二，但紅色魚肉中的脂肪含量，就高達百分之二十以上。除了脂肪外，紅色魚肉的鐵及維生素含量，也比白色魚肉多。

其實魚肉都是由細長纖維狀的肌肉細胞所組成，但紅色魚肉的肌肉細胞較細，內含多條血管，故呈紅色；白色肌肉細胞較粗，血管也較少。就功能來說，紅色肌肉細胞的收縮速度、強度，都比白色肌肉細胞差，但紅色肌肉細胞可以一邊補給氧氣，一邊反覆伸縮，持續性較大；白色肌肉細胞雖然收縮快、力道較大，卻容易產生引起疲勞的乳酸。鯖魚、鮪魚、沙丁魚等活動在海洋表層的迴游魚，由於必須長時間游泳，因此肌肉是具有持久性的紅色肉；相反地，鯛魚、石斑魚、鰈魚等，生活在接近海底的魚種，不必長時間游泳，肌肉大部分由白色肌肉細胞所形成，牠們在發現食物或逃避害敵攻擊時，則會有爆發性的行動。

由此可見，鯖魚等魚種，之所以容易引起「河魚之疾」，還是與牠的生活習性有關。

【釜中游魚】

釜，古代的一種烹飪器具，類似現在的鐵鍋、銅鍋。比喻處於危亡困境中的人。又作「釜底枯魚」、「釜底游魚」、「釜裡之魚」。

這則成語出自《三國演義．第四十二回》：「今劉備釜中之魚，阱中之虎；若不就此時擒捉，如放魚入海，縱虎歸山矣。」魚待在鍋底，當然逃不掉被烹煮的命運，形容這種處境的用詞還有「如魚在釜」、「魚遊釜中」等。

「釜中游魚」，讓我想起馬來西亞檳城的蛇廟（snake temple）。這是檳城有名的觀光景點之一。從前看到導遊書這樣介紹：「廟本身雖然不很大，外觀與其他地區看到的中國式寺廟沒兩樣，但一進去就發現，有上百條毒蛇在祭壇的佛像或天花板的梁木上……」素來對動物有興趣的我，因而對它產生好奇，於是檳城的蛇廟成為我最希望訪遊的地點，但直到一九七〇年代初期，才有機會一探究竟。

蛇廟的蛇雖然沒有上百條，但至少有五、六十條毒蛇，有的在翻身，有的懶洋洋地爬行在祭壇的佛像旁，有的則在佛像、香爐旁爬來爬去。看那又短又粗的身體、尖尖的鼻子、三角形的大頭，綠色身體配上黃色的粗線條，就知牠是百步蛇的近族瓦氏蝮蛇（*Tropidolaemus wagleri*），由於牠是純樹棲性，以小鳥為主食，幾乎不在地面活動，因此待在蛇廟裡的人不必擔心會踩到牠們，或如「釜中游魚」，必死無疑。

照理說，牠那綠色配黃色的身體，在樹上有很好的保護色效果，但牠們為何進到廟裡呢？臭青公（*Elaphe carinata*，王錦蛇）等蛇，為了捕食老鼠或雞蛋，進到房子裡並不稀罕，而且牠們一吃完就爬到外面；樹棲性的瓦氏蝮蛇進到沒有小鳥、鳥蛋的廟，倒是新鮮的事。其實這不過是廟裡的人基於信仰或觀光目的，從附近森林捉來放在廟裡的。由於香火鼎盛，廟裡的蝮蛇被燒香的煙燻得迷迷糊糊。

雖然廟裡的告示板上清楚地寫著：「廟裡的蛇有毒，不可觸摸，違者自行負責」，廟外還是有幾個拿著一、兩條蛇的照相師，為客人捉蛇拍紀念照。據他們說，那些蛇很安全，已拔掉牙齒，可以放心和牠一起照。我好奇地觸摸了廟裡的一條蛇，牠只動了一下，連翻身抬頭看我的反應也沒有，於是我得寸進尺地去碰牠的身體，才發現牠全身軟趴趴，顯然相當虛弱，八成是在香火薰陶與抽掉毒液的雙重傷害下，弄成這副德性的。在盛產毒蛇的一些地區，就有讓獴與毒蛇打鬥的秀，贏的幾乎都是獴。這也是因為獴得來不易，但毒蛇來源多，較易取得，因此商人常先抽掉毒蛇的毒液，削弱牠的體力和戰鬥力，再讓牠和獴對打，毒蛇當然總是被咬死。

再回來談檳城的蛇廟。隨著馬來西亞經濟的成長，檳城成為工業發展的重點地區，蛇廟附近的森林也逐一開發為工廠、住宅區，廟裡的瓦氏蝮蛇愈來愈少。十年前我參觀蛇廟時，蛇廟附近只剩幾十棵樹，廟裡的蛇少了很多，與過去處處蛇頭攢動的盛況，相去甚遠，已讓人提不起興致去看它了。

無獨有偶地，英文裡也有類似的俚語 a pretty kettle of fish，但焦點不在魚的安危，而在煮魚時的手忙腳亂。原來這個片語源自十八世紀英格蘭、蘇格蘭交界的居民，在河邊野餐煮魚的歡樂場景，後來不知為什麼，就被用來形容一團亂或困窘的局面。

【混水摸魚】

在混濁的水中撈魚。比喻趁混亂的時機謀取不正當利益，或指工作不認真。又作「渾水摸魚」。

在混濁的水裡抓魚，要比在清水裡容易多了。因為「水清無魚」（見16頁），混濁的水含有比清水更多的有機物質，提供魚類良好的生存環境，魚一多，當然就容易捉到了。

在「混水」裡，可以抓到什麼樣的魚？以世界上流量最大、流域面積最廣的亞馬遜河來說，光是在濁水水域就棲息了上百種鯰魚，小者體長僅五、六公分，大者將近二公尺。根據當地住民表示，體色鮮豔呈紅、綠或褐色者，味道不佳，不適合食用；但灰色或帶有銀色者，比較美味可口，其中體長一公尺、灰底帶銀色的一種鯰魚，最受當地人喜愛。另一種鯰魚，肉是白色的，不太油，適合煮成魚湯。

電鰻（*Electrophorus electricus*）也是濁水水域的住民，體長約六十公分，呈黑褐色，圓嘟嘟的，看起來有點像鯰魚。在桔黃色的肌肉中，有成排的發電器，受到刺激時，會發出五百伏特的電壓，但電力不高，若我們被電到，只有被電擊的感覺，不致被電死。有些水族館會飼養電鰻連接電燈泡，讓它發光，並顯示當時的電壓力，以吸引遊客注意。

著名的食人魚（*Pygocentrus nattereri*）也是在水底混濁區域生活的純肉食性魚種，雖然牠以兇猛聞名，但食物充足時，不會攻擊人。通常單獨坐落在河邊的房屋，成為食人魚攻擊目標的可能性較大，因為這種地方的食人魚，通常缺乏食物，攻擊性較強。這裡的狗比較機敏，喝水時會先用舌頭舔一下河水，然後移動數公尺再舔水；但牛較笨，常在同一個地方喝水，容易引來食人魚，而被咬掉舌頭。食人魚的食物以昆蟲、蠕蟲、魚類為主，當蜻蜓將腹端插入水面，準備產卵時，只見食人魚白色的腹部一閃即逝，蜻蜓就入了魚腹。不過，食人魚平常最愛取食的是多油的鯰魚等。

食人魚魚肉的含脂量不高，用燒烤方式烹煮相當可口，但當地主婦卻不太願意料理牠，因為有時候看起來死定了的魚，會忽然開口咬人。食人魚的牙齒很銳利，雖然被咬時不會感覺疼痛，但若從手指上挖掉豆粒般大小的肉塊，仍會造成不小的出血量。不過，由於食人魚很容易上鉤，一些當地人索性捨食用而選擇觀光用途，規劃

「河釣食人魚」的觀光節目，成為招徠觀光客遊亞馬遜河的熱門活動。

混水不僅可以摸魚，混水也可以自衛。頭足綱的章魚遇到害敵時，會從墨囊噴出墨汁，弄得烏黑一片，然後逃之夭夭。這就是混水遁形的自衛戰術，類似的情形在烏賊身上也看得到。但兩者噴出的墨汁有不同的效果，章魚的墨汁在水中會如煙霧般擴散；但烏賊的墨汁帶有一些黏性，在水中不會馬上擴散，而是呈塊狀，好似出現另一隻烏賊。烏賊就用這種障眼法，來轉移害敵的攻擊目標。

【魚目混珠】

以魚的眼睛混充珍貴的真珠。比喻以假亂真。又作「魚目入珠」、「魚目混珍」、「魚目亂珠」、「魚目為珠」。

【相似詞】濫竽充數。

這則成語出自《韓詩外傳》（據《文選・卷四〇・牋・任昉・到大司馬記室》李善注引：「白骨類象，魚目似珠。」

魚的眼睛構造與人眼差別不大，但魚沒有上、下眼瞼，沒有淚腺，角膜較平扁，晶狀體為球形，不能調節弧度，所以看不遠。一般來說，穴居的魚，眼睛較小，視力退化，少數甚至全盲。棲息於深海的魚，有的視力退化，有的則很發達，善於利用周圍微弱的生物光。我們所說的「魚目混珠」，是指魚眼睛煮過後，變成白色，看起來很像真珠。這白色的「珠子」純是蛋白質經過高溫後凝固而成的。根據研究，魚眼睛含有豐富的膠質和DHA，能強化人眼部的功能，並預防視網膜病變。由於我們大腦裡的DHA含量也多，從而出現以魚眼睛補腦的說法，坊間盛傳吃魚眼睛，人會變得聰明。

魚的眼睛是否像真珠，見仁見智，但能確定的是，魚能悠游自如，眼睛的巧妙機制，扮演著重要的角色。不妨到菜市場買一隻鯉魚或虱目魚等典型的魚，從正面觀察牠的臉部，可知牠的兩隻眼睛從頭部略為突出，像極了有近視眼的人的眼睛。這種位置和鳥類眼睛的位置一樣，每個眼睛各有一百八十度的視界，兩眼合起來共三百六十度，因此光學界將具有一百八十度廣角的鏡片，叫做「魚眼鏡片」（fisheye lens）。

魚用眼睛看東西的方式，和人很不一樣。魚的左眼只看左邊，右眼只看右邊，各自看它所看到的部分，由於眼睛略為突出於臉部，把一對眼睛的視界合起來，就可以看到正前面的東西，只是兩眼視界重疊的範圍很小，看到的東西比較沒有立體感，也較難判斷距離的遠近。這點也和鳥類眼睛的功能相當類似。當我們站在水族館的大水槽前，從正前方看魚時，往往感覺魚也透過玻璃凝視我們，而且牠們還會前後移動，調整距離。

詳細觀察一些魚的眼睛位置，會發現魚的種類不同，眼睛的位置也有所差異。眼睛位置若略為向上，且口腔較大，應是肉食性魚，且取食經常在牠上方游動的生物；

若嘴巴較小，則是取食浮游生物。眼睛的位置略為向下，應屬於尋找水底食物的種類；若是向正前方，面對水流，則是取食從前方來的食物。

對於前方的事物，魚用一對眼睛可以看得很清楚，但對左、右兩邊的事物，只能以一隻眼睛看，看得相當模糊，不能看到細節，只能察覺動靜；但對魚來說，這樣就夠了，因為牠們關心的是有沒有東西朝自己接近，接近自己的不是害敵，就是食物。為了確認來者的身分，魚會調整身體位置，從正前方以兩隻眼睛注視。因此，魚類通常保持三百六十度的視界注意牠周圍的動靜。雖然魚的這種功能與我們的生活無關，但有時候我們會以混濁、凹陷的「死魚眼」來形容人目光呆滯。而在英文裡，活魚飽滿凸出、角膜光度透明的fisheye，則被用來形容懷疑、不友善的眼神。南美亞馬遜河流域主食之一的煎樹薯粉，由於一粒粒白色的顆粒，看起來有些像魚眼睛，當地人就叫這道菜為魚眼睛。更有意思的是，印度竟然有座廟以魚眼睛為主神呢！

【魚貫而入】

如魚首尾相接，一個挨著一個陸續進入。

這則成語借用魚成群游泳、接連不斷的畫面，來形容有秩序的進入一處。為什麼有些動物要成群生活？簡單一句話，團結就是力量，尤其對小型、沒有特殊自衛武器的動物而言，成群結隊是最佳的防衛策略。俗話說「積少成多」，雖是小魚，聚在一起時，看來就像一隻大魚，對天敵多少有些嚇阻的效果。萬一受到攻擊，少數同伴的犧牲，也能換來多數同伴的生存。此外，魚成群在一起時，更容易察覺害敵的接近、食物的位置，也容易找到配偶。

那麼在群體中有一定的次序嗎？猴子、野狼、大象等成群生活的哺乳類動物，在群體中有一定的排序，當老二的一定要聽從老大的，老三要聽老大、老二的，否則會受到處罰。

遷移時，也是長幼有序地移動。通常由老大帶頭勘查前方的地形、安全狀況，有時也走在隊伍最後，注意後方的安全。綿羊、鴨子等動物，雖然常成群被飼主趕著走，但遇到彎路或障礙物時，似乎會依情況臨時推出一隻當領導者。

一些成群生活的魚，也像綿羊和鴨子一樣，在魚群中隨機推出領導者。在水族館的大魚缸裡，我們常見竹筴魚、沙丁魚等成群游動，當牠們遇到岩礁或水缸玻璃，必須轉個方向繼續游時，帶頭的便立即換成另外一隻，也就是說，魚群沒有固定的領導者。成群游動的目的在於自衛，但在水族館被人類飼養的魚，因為環境安全，群游性逐漸變弱，隊伍也較顯鬆散。

沙丁魚是以成群活動而聞名的小魚，活動時，最重要的感覺系統就是視覺，牠們一邊游，一邊確認同伴們游泳的方向、速度、以及自己與同伴間的距離，既不落後，也不搶快，深怕擾亂群游時的秩序。

此刻位在體表的側線也很重要，它能感受水流方向、水流壓力，幫助魚能維持群游時，自己的位置。

成群生活的魚種不少，其中大多是以浮游生物維生的種類。以小型魚類為食的魚有時也會成群活動，例如鯊魚，但牠們頂多幾十隻或上百隻形成一個鯊魚群，絕不會像沙丁魚那樣上萬隻聚在一起。因為上萬隻鯊魚聚在一起時，必然會引起食物不足的恐慌。

　　其實這種現象也見於部分陸上生活的哺乳類動物，例如獅子、野狼等動物雖然也會成群狩獵，不過牠們是十幾隻或二、三十隻為一群；至於草食性的斑馬、牛羚，則是上千或上萬隻地成群生活。

【漏網之魚】

比喻僥倖逃過法律制裁的人。又作「漏網游魚」。也用以比喻倉皇逃離危險的人，如「喪家之犬」。

雖然這則成語負面意義強烈，指的不是社會中所謂的好人，但從魚類資源的管理來看，漏網之魚是很重要的。

拖網（trolling）用的魚網網目，各地依其地理條件、捕獲魚種而有不同規定。在地中海地區，拖網網目不可小於四公分見方，用意是讓體長或體寬不到四公分的稚魚，在拖網中能當「漏網之魚」繼續長大，以保障漁業資源的永續利用。

由於魚群探測機的出現、漁船性能的改善、超低溫冷凍法的研發，以及新漁獲技術的開發。在台灣，目前能以相當合理的價格，品嘗來自世界各地的海鮮。以鰹魚來說，這種不易保持新鮮的「青皮魚」，過去只能限於近海捕獲，但現在已成為遠洋漁業主要的魚獲之一。

過去為了捕獲鰹魚，用的方法是二、三十個漁夫各拿著一支釣竿，排在漁船兩旁，從鰹魚群中一條一條釣上來。由於他們都是經驗老到的海釣高手，情況好時，每人平均十一秒鐘釣一條，一小時下來一共可以釣上近萬條，漁獲量達三十公噸，相當可觀。然而這種方法有它的缺點，除了需要多位熟練的釣手外，為了讓鰹魚容易上鉤，船上也必須隨時備有大量活餌，因此在遠洋捕魚時，經常需要靠岸補給活餌。但隨著科技的進步，船中設置了氧氣循環機，活餌在低溫海水中至少可以存活一個月，加上自動釣魚機出現，本來五、六十個人員的編制，減少了一半，漁獲量卻大增。近年來，漁網式捕漁又取代自動釣魚機，使得漁獲量增加到人力釣魚的四倍以上。由此不難看出，漁網捕魚的效率有多高了，但如此高效率地捕獵下去，不久就會面臨漁業資源的匱乏。

為了避免出現無魚的海洋，國際漁業組織及各國漁政專家無不絞盡腦汁地研擬各種對策，除了漁獲技術的研發及改善外，也積極思考如何以最高的效率利用魚類資源。其中最基本的問題就是，要留下多少隻成魚、容許多少的漁獲隻數。當然，理論上等魚完全長大或長到發育速度變慢時捕獲，漁獲量最大，且較符合經濟原則，但問題並不是那麼簡單。

首先，海洋裡弱肉強食的情形非常嚴重，例如一條雌鮪魚產卵數多達千萬粒，但能夠發育到成熟期的不到十隻，何時捕捉可以得到最佳的經濟效率？是等到成魚體重達一百公斤或九十公斤、八十公斤？或者以量取勝，當小魚長到五十公斤就可以？鮪魚類的稚魚幾乎沒有商品價值，但長大到一百公斤時，一公斤可值上千元，顯然等牠長大後再捕才划算。

更複雜的問題是，不少魚種在沿岸地區產卵，稚魚大多在近海生活，然後隨著發育移向遠洋，分散各處，因此想要捕獲大型魚，就必須禁止近海漁業。不過，這樣的措施只對資本雄厚的漁業公司有利，對小型漁釣業主及沿海漁民有嚴重的打擊，幾乎不可能實施。如何兼顧漁民生計和海洋資源的維護，著實考驗著各國的漁政單位。

海洋污染的防止、人工漁礁的設置等措施，固然能改善魚類的生活環境，但我們如果不容許有「漏網之魚」，這些都將是白做的，也不必談什麼海洋生態的維繫，或漁業資源的永續利用了。

【緣木求魚】

爬到樹上去找魚。比喻用錯方法，徒勞無功。又作「求魚緣木」。

這則成語出自《孟子．梁惠王上》：「以若所為，求若所欲，猶緣木而求魚也。」緣木真的不能求魚嗎？答案是否定的，有一種魚叫做彈塗魚，就以會「爬樹」聞名。

彈塗魚（*Periophthalmus* spp.）常見於紅樹林生長地區，牠的眼睛突出於頭部背側，身體修長，尾部扁平，全身是像泥巴的灰褐色，布滿深色的斑紋，特大的胸鰭已肉質化，並可向前彎曲，讓牠能夠在沼澤地上的泥濘中爬行。為了適應陸地的生活環境，牠的腹鰭也變成吸盤狀，可以吸附在紅樹林植物的莖部、支柱根或岩石等垂直的平面上。

彈塗魚能夠適應半水半陸的潮間帶環境，並離開水一段時間，關鍵在於牠特殊的呼吸方法。牠雖然也像其他魚類一樣，先讓鰓腔充滿水，再讓水通過鰓部。不過用這種方法只能取得牠所需的一半氧氣，因此牠必須經常到小水窪或海邊，吸入新鮮的水。此外，牠還能利用濕潤的皮膚，和分布於口腔表皮、濃密的毛細血管呼吸。因此，牠常在漲潮時，爬上海邊的紅樹林灌木，等到退潮時，再回到海濱的泥巴地覓食，或者仍在灌木上取食小昆蟲。受到驚嚇時，牠會跳進水裡，像青蛙般在水面跳著跑。所以「緣木求魚」並非不可能。

彈塗魚類不是唯一能離開水面較久的魚。能呼吸空氣的魚，可以分為兩大類，一類是如肺魚（*Ceratodus* spp.）、銀龍魚（*Osteoglossum bicirrhosum*）、電鰻、多鰭魚（*Polypterus* spp.）等原始型魚種。牠們在演化的初期，即已得到呼吸空氣的機制。例如肺魚，如名所示，具有肺臟，但它的呼吸功能並未發展健全，又未發展成完整的鰾，因此只好併用肺臟與鰾來呼吸，成為活化石型的魚類。另一類即是如彈塗魚之類，在演化過程中發展出能夠利用空氣中的氧氣的魚種。但牠們呼吸空氣的方法依種類而異，有從鰓與體表呼吸的彈塗魚、有主要以體表呼吸的鰻魚、鯰魚，有靠腸呼吸的泥鰍。

除了「緣木求魚」外，還有「緣木撿魚」的例子。

鸕鶿（*Phalacrocorax carbo*，河鵜）是在河川、河灣活動，以捉魚維生的一種鳥。牠們成群在樹上築巢，有在嚴冬時產卵、育雛的特殊習性。當雛鳥還小時，母鳥以自己胃裡半消化的魚肉來餵雛鳥；雛鳥則將禿禿的頭伸進母鳥的嘴裡，猛吃從母鳥胃裡翻上來的魚肉。當雛鳥略為長大，頭上逐漸長毛後，母鳥就改成直接餵魚。不過，母鳥的餵食技術不太高明，捉來的魚常常還未送到小鳥口中，便掉到地上。由於鸕鶿的翅膀面積較小，起飛時必須助跑一段距離，牠可以從樹上向空中滑翔，卻無法立刻飛降到地面撿拾掉落的魚，只好再回河邊捉魚。因此，我們可以在鸕鶿的群聚繁殖的場所「緣木撿魚」。

高明的撿魚手法是，當母鳥銜著一堆魚回巢時，以鼓掌等聲音嚇牠，牠會怕得吐出魚而倉皇飛離，等候的人就可以撿到更多的魚。鸕鶿所捉的魚以淡水魚及淺水性海水魚為主，多達約三十種，包括體長三十五公分，重約五十公克的大魚，因此運氣好的話，靠著「緣木撿魚」是可以養家糊口的。

【鶼鰈情深】

比喻夫婦恩愛。又作「鶼鶼比翼」、「鶼鶼鰈鰈」。

【相似詞】伉儷情深。

這則成語出自《爾雅・釋地・第九》：「東方有比目魚焉，不比不行，其名謂之鰈；南方有比翼鳥焉，不比不飛，其名謂之鶼鶼。」但似乎積非成是，「鰜鰈情深」的用法也很普遍。

鶼是傳說中的比翼鳥，只有一個翅膀和一隻眼睛，必須成雙成對才能飛翔；鰈就是比目魚，即鰈形目魚類的通稱，由於兩眼位於頭部的同一側，古人想像牠們需要兩隻才能並肩同行，因此就以牠們的出雙入對，來形容夫妻的恩愛及互相扶持。大致來說，鰈形目魚類中，兩眼在左側的叫鰜（鮃、比目魚），兩眼在右側的叫鰈，但也有一些例外的種類。通常有眼睛的那一面，顏色較深，或有各種不同的花紋、斑點，沒有眼睛的那一面，顏色則較淡。

除了眼睛長得位置很特別之外，鰜、鰈的身體呈從上下兩側變扁的橫扁型，不同於鯧魚、鯛魚的從左右兩側變扁的側扁型。牠們的嘴巴歪斜，牙齒尖利。其實鰜、鰈剛孵化時，也像其他魚一樣，眼睛長在兩側，身體是左右對稱的，後來身體變成側扁型，鰜的右眼慢慢向頭部左側移位，鰈的左眼則向頭部右側移位，這是魚變態的一種形式。當牠們完成變態以後，會將有眼睛的體側朝向海面，沒有眼睛的體側朝向海底而生活，但牠們的鼻孔仍保持在原位，一個開口在我們所謂的背面，一個在腹面。

完成變態的鰜、鰈，通常都躺在海底，甚至潛伏在海底沙地上，只露出一對眼睛來。當牠們躺在沙底時，體色及背面的斑點、花紋會隨著環境的顏色而改變，讓害敵及獵物不容易發現牠們，偽裝功夫堪稱一流。牠們不只利用偽裝手法避開害敵，也利用它來捕食小魚。當小魚靠近時，牠們就馬上跳起來捕食。

鰜、鰈的肌肉都呈白色，裡面的血管稀疏、脂肪含量低，不適於長程游泳，但擅長爆發性的瞬間運動，因此牠們常常能在千鈞一髮之際順利脫身。順便一提，鰜、鰈的魚肉比較容易消化，適合老人、小孩及病人食用。

鰜、鰈除了眼睛的位置不同外，其他外形都很相似，因此後來竟然出現「鰜鰈情深」的成語。姑且不談鰜、鰈不同魚種之間的互動，光是同一種魚，雌、雄魚之間是否「情深」，就有重新討論的必要。極大多數的魚，在進入繁殖期時，雄魚會聚集雌魚旁邊，以激烈搖尾或擦身而過等動作，吸引雌魚注意，並藉此激發雌魚的產卵情緒。不過，雌魚面對雄魚的調情，幾乎毫不回應，甚至有些雌魚因為不堪其擾而選擇離開。雌魚在勉強接受雄魚求愛後不久，即接近產卵期，這時的雌魚一改以往的消極態度，和雄魚並游，把身體合在一起，進行產卵與射精的繁殖工作。

為什麼在魚的繁殖過程中，雄魚那麼積極熱情，雌魚卻是一副消極冷淡的反應，毫無深情可言；或許雌魚要讓雄魚焦急、吊牠胃口，藉機調整自己的產卵期，或許雌魚還沒遇到中意的對象，仍在精挑細選呢？對雌魚來說，產卵不是很冒險的行為，何況產後即離開此地或由雄魚負責護卵，照理說，雌魚應該更積極一點才對。但雌魚卻好像總是刻意迴避雄魚的追求，原因如何，不得而知。

第二篇

蟲類

【斷尾求生】

蜥蜴、壁虎為了逃避敵人的攻擊，切斷自己的尾巴而脫險。比喻為了脫困而放棄次要的東西。

【相似詞】斷肢自救。

這種自救方法的確在一些動物身上看得到，一般較為熟悉的是蜥蜴、壁虎自斷尾巴的行為。

蜥蜴和壁虎遇到害敵或危險時，會毫不猶豫地切斷尾巴，由於被切斷的尾巴還能晃動一陣子，吸引害敵注意，牠們便得以趁機脫逃。這種自割行為是情急之下的不得已手段，但牠們也不是隨便切斷，而有一定的原則。

蜥蜴的尾巴有個自割面，這個部位的關節、肌肉、血管特別纖細，因此用力拉扯尾巴，尾巴也不會立刻斷掉。這種自割現象出於反射行為，由自割面肌肉的收縮所引起，在自割的同時，血管也會跟著收縮以減少出血，讓體力的消耗降到最低。為什麼蜥蜴願意切斷尾巴，而不是身體的其他部位？

原來牠的尾巴有再生的機制，斷尾後，大約經過一個月，尾巴就大致恢復原狀，不過會比原來的短些或小些，顏色也較黑，而且通常失去再自割的功能。尾巴再生的蜥蜴，看似回復了正常的生活，其實牠的繁殖行為已大受影響，因為雌性蜥蜴會嫌牠尾巴短小，不願意和牠交尾，使牠失去擁有後代的機會。所以自割保命的代價其實不小！

根據一項針對兩千多隻草蜥（*Takydromus sp.*）的調查，大約三分之一的草蜥具有再生的尾巴，其中體軀幹超過五公分的已成熟草蜥，約有一半具有再生的尾巴。可見草蜥在自然界遇到斷尾求生的機會相當多，而斷尾也確實是有效的逃生方法。草蜥尾椎骨的數目，雌、雄不同，雌性為五十二至六十三節，雄性為五十三至六十節，除了靠近尾基的尾椎骨外，每節尾椎骨中央都有細縫，將它分成前後兩部分，斷尾的情形就發生在這個細縫。

當我們以鑷子夾住草蜥的尾巴時，牠會先彎曲尾巴，拉張皮膚，讓皮膚破裂，接著肌肉剝離尾椎骨，而出現尾巴切斷的情形。切斷的位置大多在被夾的尾節部分，或略為靠近軀體一、兩節的部分，如此盡可能地減少自割的面積，及因自割所帶來的損失。

螃蟹、寄居蟹也常以自割的方式來保護自己，牠們從鋏肢的基部切下去，讓切斷面形成一個平面，以最小的斷面面積來減少體力的消耗，這就是所謂的「斷肢自救」。由於牠們的自割行為多半發生在水中，一出血，容易引來其他肉食性動物的攻擊，因此，在自割的同時，也會形成隔離膜來阻止出血。螃蟹、寄居蟹之所以敢於自割，是因為牠們在發育的過程裡，會蛻皮很多次，每次蛻皮時，失去的螯肢也會慢慢再生而變大。

自割技巧最頂尖的，要屬蚯蚓。例如有一種姬蚯蚓（*Enchytraeid* sp.）體長只有一公分，以無性生殖繁衍後代，牠在完成發育後，會自動將自己的身體分成數段，這些切下來的段落，將各自長出頭部和尾巴，再各自長成一隻蚯蚓。然而這樣的自割行為已和脫險求生無關，而是在傳宗接代了。

【巴蛇吞象】

比喻人心貪婪無度，永不滿足。又作「巴蛇食象」、「人心不足蛇吞象」。

這則成語出自《山海經‧海內南經》：「巴蛇貪象，三歲而出其骨。」講的是，古時候有隻大蛇吞食大象，經過三年，才把大象的骨頭吐出來。在屈原的《天問》中，也有「一蛇吞象，厥大何如」的提問。

中國古代有不少關於大蛇的記載。唐代段成式的《酉陽雜俎》、劉詢的《嶺表錄異》裡，都提到巨蛇吞鹿充飢的事。然而，真的有這種能吞食大象或鹿的蛇嗎？不必提體重六、七公噸的非洲象，或三、四公噸的亞洲象，即便是剛出生的一百公斤小象，也沒有蛇能夠吞下去。這個荒誕不經的傳說故事，當然沒人會相信，不過它倒成為反映人心貪婪無度、想以小吃大的最佳寫照。

無論如何，蛇能吞下多大的獵物，是個很有意思的話題。先看看至今所記錄的最大型蛇。雖然有不少號稱超過十公尺，甚至二、三十公尺的紀錄，但根據可靠的紀錄，最大型的蛇是在印尼採到的網紋巨蟒（*Python reticulatus*），體長十公尺左右。一九三四年，在南美的圭亞那，一支探險隊在一塊大岩石上發現蟠蜷的巨水蟒（*Eunectes murinus*），隊員紛紛猜測牠有多長，估測的長度從六・〇九至十八・二八公尺，但打死後測定的體長，只有五・九四公尺，所以要得知蛇的體長不能靠目測。蛇皮的計測值也不可靠，因為剝下來做完乾燥等處理後，往往比實際更長約四分之一。

蛇到底能吞下多大的獵物？根據可靠的資料，曾有體長七・八一公尺的水蟒，吞下體重四十五公斤的南美野豬；體長七・三一公尺的網紋巨蟒，吞下體重五十四・五公斤的家豬；體長五・二五公尺的水蟒，吞下體長二・四三公尺的鱷魚；體長四・八七公尺的非洲巨蟒，吞下體重五十九公斤的飛羚等紀錄。如此看來，網紋巨蟒是有可能吞下孩童、體型嬌小的女人。但是再怎麼說，大蛇頂多吞下七十公斤的獵物，「蛇吞象」是極端誇張的想像。

話又說回來，以蛇如此細長的身體，竟能吞下幾十公斤的大型食物，是足夠讓人瞠目結舌的了。到底牠是怎麼做到的呢？牠先用身體緊緊纏住獵物，將獵物的肋骨折斷、壓軟、變成條狀，接著利用上、下顎與口腔部分骨骼的特性，做出吞食的動作。

由於蛇類的上、下顎骨沒有完全接合，左、右下頷骨只以韌帶相連，因此嘴巴可以張得很大，吞下比自己還粗壯、還大型的獵物。但獵物的身體也不宜過大，否則蛇纏住牠後，無法折斷牠的肋骨。

攻擊獵物那一刻，蛇的嘴巴是閉著的或略為張開，一碰觸到獵物，牠的嘴巴就張開成將近一百八十度，並將口腔內彎曲的牙，垂直地插入獵物體內，接著牠大嘴一閉，咬住獵物的一部分身體。獵物若是小型，就直接吞下去，若屬大型，牠會如前所述，先纏住獵物，耗盡對方體力，再將牠放開，從頭部重新吞下，藉由上、下顎的交互活動，把獵物慢慢地送進食道。當獵物進入口腔後，蛇就轉動頸部及胴部的肌肉，將獵物送進胃裡。過程中，蛇會有幾次類似打呵欠的動作，好讓口部與顎部骨頭調整回原來的位置。

雖然蛇不能吞下大象，但牠食量之驚人是出了名的，而且還很能餓肚子，可以長時間不進食。例如大型蟒蛇通常可以一年不進食，若提供水給牠飲用，曾有長達六百七十九天不進食的紀錄；龜殼花在供水的情況下，更有長達一千一百二十六天的耐飢紀錄，體重從原先的一千一百公克，降到四百七十公克。蛇類之所以有如此的能耐，主要是因為牠通常不太活動，新陳代謝極為緩慢，體內的脂肪遂被移作生活所用的能源。

【打草驚蛇】

比喻行事不周密，使對方有所察覺而預先防備。

這則成語出自宋代鄭文寶《南唐近事》裡的一段故事。講到王魯在官府裡批示案件，其中一個案件是地方百姓聯名控告某官收賄。王魯看了嚇一跳，因為自己也收賄，於是他在卷宗上批示：「汝雖打草，吾已蛇驚。」意思是：你們雖然只是棍子打草叢，但我已像藏在草叢中的蛇，有所警惕了。

打草真的會驚動蛇嗎？先來談談蛇的聽覺。英文裡有 as deaf as an adder（聾如毒蛇）的說法，其實這種比喻很有討論的空間。蛇的聽覺的確不好，因為沒有外耳和鼓膜，但牠仍能感受到空氣中傳來的聲音：音波經過皮膚、肌肉傳到骨骼，再藉由上、下顎的肌肉傳到方骨，經過內耳，最後到達聽覺細胞。過去認為蛇無法聽到低週波數的聲音，而且只有在下顎接觸地面時才感受得到音波，其實這是錯的，蛇是透過內耳的鐙骨聽到聲音，跟下顎是否接觸到地面沒有關係；甚至有些種類的蛇，肺部也有接收聲音的能力。因此，蛇雖然沒有我們所謂的耳朵，但不是聾子。

打草時免不了會晃動到草，那麼蛇的視覺如何呢？在已知的二千七百多種蛇中，有像盲蛇（*Scolecophidia*）那樣眼睛退化的蛇，有眼睛較小不太發達、在水中生活的蛇，也有白天在地上或樹上活動、靠視力對準獵物捕食的蛇。樹棲性的蛇大多具有尖嘴，眼睛長在左、右較外側，測定距離的準確度較差，但牠能以較大的視野，感受周圍草莖的動靜。從蛇的眼睛構造推測，牠似乎沒有辨別顏色的能力。

雖然蛇的眼睛只能感受可視波長範圍內的光波，不能感受紫外線與紅外線，但有些蛇類卻能利用一種名為「頰窩」的熱感應器，來感應紅外線的熱源，例如響尾蛇類。頰窩是位在響尾蛇頭部兩側、眼睛與鼻孔間的一個凹洞，裡面有一層只有〇·〇〇一五公分的薄膜，膜上約有七千個感熱細胞，對溫度非常敏感，對紅外線的熱效應尤其明顯。目前已知所有的動物都以紅外線放射體熱，紅外線的波長與強度，依動物的體溫而異，響尾蛇就利用頰窩偵測，並追蹤恆溫動物的體溫，鎖定牠們的位置。響尾蛇在〇·一秒內，可以感受攝氏〇·〇〇三度的溫度差異。通常夜間活動的錦蛇、鎖蛇等，都有特別發達的頰窩，以便在黑暗裡覓食。原始型的蟒蛇和部分蚺蛇的上、下唇鱗上，則有稱為「唇窩」的不明顯凹窩，它的功能與響尾蛇類的頰窩相同。

嗅覺也是蛇很重要的感覺之一，在蛇的覓食、尋偶過程中，扮演不可或缺的角色。蛇的嗅覺器包括舌頭（蛇信）、鼻子。蛇不時伸出舌頭搖晃或縮回口腔裡，當空氣中飄流的氣味分子，附著在舌頭或鼻子上的黏膜時，該分子便經過嗅覺囊等送到嗅覺細胞。由於蛇是將自己的身體壓在另一個物體上爬行，因此該物體會留有蛇的體味，尋偶中的蛇或眼鏡王蛇（*Ophiophagus hannah*, king cobra）等蛇食性蛇，途經此處時，會用舌頭去嗅聞之前經過的蛇的體味，並依循著體味的方向追蹤而去捕獵。

所以，當我們在打草前，草叢中的蛇其實已透過頰窩，感受到我們的存在了。而我們身體不斷發出的體溫與體味，也早讓蛇知道我們的存在而有所提防，打草這個動作不過是明示牠開始逃跑吧。

【佛口蛇心】

比喻人嘴巴說得十分仁善，卻心懷惡毒。又作「蛇心佛口」。

【相似詞】口蜜腹劍。

這則成語出自《五燈會元．卷二十．淨慈曇密禪師》：「古今善知識，佛口蛇心，天下衲僧，自投籠檻。」是講口裡說慈悲話，心中卻充滿邪惡。但蛇的心是否真的那麼壞？

提到蛇，我們的腦海中，馬上浮現一條長長像繩索、看來濕滑的傢伙，一邊吐著舌頭，一邊爬過草地；看到蛇，我們馬上驚恐地想到牠是有毒的，提醒自己要小心。的確如此，蛇始終給人帶來恐懼、邪惡的印象，其實蛇沒有我們想的那麼壞那麼冷酷，也不是每種蛇都有毒；和其他動物一樣，蛇的一些殘忍行為，只是牠為了獲得食物所採取的不得已手段，蛇對自己後代的照顧、愛護，不亞於其他動物。

蛇是變溫動物，體溫會隨著氣溫變化而改變，無法像鳥類抱卵那樣利用自己恆定的體溫來孵卵。因此，牠們通常難以在溫度變化大，或氣溫較低的地方生活，或者必須採用特殊方法，才能讓自己的卵孵化出來。例如生活在溫帶至亞寒帶的蝮蛇類，牠們是卵胎生，即卵不直接產出來，留在母蛇體內，等到幼蛇孵化後，才產出體外。雖然生活在熱帶地區的蛇，拜高溫之賜，孵卵比較容易，但還是有一些蛇為了孵卵而花上一番工夫，牠們最常用的方法仍是抱卵，例如分布在澳洲的地毯蟒（*Morelia spilota*, carpet python）。

蟒蛇類的成蛇由於體長至少有二、三公尺，其他動物不太敢去招惹牠，但蛇卵的天敵就多了，野鼠、胡狼、野豬、烏鴉都視它為佳餚，因此母蛇必須小心翼翼地把卵產在隱蔽的地方。母蛇通常蟠蜷在卵堆周圍抱卵，並定期離開卵塊，爬到有陽光的地方作日光浴，再利用升高的體溫來抱卵。

印度蟒蛇（*Python molurus*）是廣泛分布於印度、華南、東南亞的大型蛇，體長達六公尺，母蛇在交尾後三、四個月，產下約一百粒卵。之後也和小型蟒蛇一樣，伏在卵堆上抱卵。然而和一般小型蟒蛇不同的是，母蛇在長約二、三個月的抱卵期中，除了偶爾離開去喝水或獵食外，幾乎都待在原地不動。母蛇利用晃動肌肉所升高的體溫來抱卵，當氣溫降到攝氏三十度以下時，牠會開始伸縮肌肉，隨著氣溫的降低，伸縮的頻率也會愈高，最高時一分鐘達三十次，如此才能讓抱卵溫度維持在攝氏三十度，經過二、三個月，孵化出體長六十~七十公分的幼蛇。

眼鏡王蛇是毒蛇中最大型且毒性最強的一種，以取食其他種類的蛇而聞名。母蛇產卵前，會先收集一些樹葉、枯草及泥土做丘塚，然後在丘頂的凹陷部產卵，產完卵後，再用樹葉覆蓋卵塊，並留在丘頂上保護卵堆，直到幼蛇孵化出來為止。牠們這種悉心呵護後代的行為，以「蛇口母心」來形容，才是極恰當的。

【杯弓蛇影】

形容為不存在的事情驚惶。又作「杯底逢蛇」、「杯中蛇影」、「弓影杯蛇」、「弓影浮杯」、「影中蛇」。

【相似詞】杯蛇鬼車、風聲鶴唳、草木皆兵。

這則成語出自漢代應劭的《風俗通義．卷九．世間多有見怪驚怖以自傷者》中的故事。大意是應郴請部屬杜宣喝酒，杜宣看見酒杯裡好像有一條蛇，覺得噁心、害怕，但又不好意思不喝，只得勉強喝下，回家後便生起病來。後來應郴來探視，杜宣提到那天喝下酒杯裡的蛇的事。應郴回官府後，想了又想，不得其解，猛一回頭看見牆上的弓，恍然大悟。原來杜宣所說的蛇，是弓投映在酒杯裡的影子。於是應郴再度請杜宣到府裡喝酒，向他說明真相，杜宣一聽，病當場就好了。

這種疑心生暗鬼、自己嚇自己的事，不時在我們的日常生活中出現，左右我們的心理、甚至生理狀況。其實遇到事情時，應從多方面去思考去求證，才不至於枉受不必要的苦。

蛇給人驚恐的感覺，源自牠滑溜的身體、尖銳的利牙，以及毒性，當然不是每種蛇都有毒，但如此的既定印象早已延續千百年，讓人不禁聞蛇色變，於是「蛇蠍心腸」、「蛇蠍美人」、「蛇頭鼠眼」等，以蛇比喻心地險惡的成語，很自然地就出現了。

在已知的二千七百多種蛇中，毒蛇約有四百五十種。既然不是每種蛇都有毒，那如何區別毒蛇和無毒蛇呢？一般來說，毒蛇頭大頸細，頭部呈三角形，尾巴短且突然變細，牙較一般無毒蛇的牙長一倍，牙痕為單排，例如百步蛇、龜殼花、響尾蛇等。

雖然在溫帶地區大致可以照上面這樣分，但在熱帶及亞熱帶地區也可以見到頭部呈鈍圓形，頸較粗的毒蛇，如雨傘節、眼鏡蛇；分布在非洲、以兇悍的攻擊性出名的曼巴蛇（*Dendroapis* spp.）也屬於這一類。這些頭呈鈍圓形的蛇，毒液為神經毒，致死性比頭呈三角形的毒蛇所分泌的血液毒更高。此外，也有一些頭部呈三角形、佯裝毒蛇的無毒蛇，例如水河蛇（*Nerodia* spp.）便是最典型的。樹蚺、錦蛇也是頭部略呈三角形的無毒蛇。

當然，人們對蛇的畏懼也受到宗教神話的影響。根據《聖經．創世記》的記載，蛇是誘惑夏娃吃下禁果，讓人類背負原罪的禍首，是撒旦的化身。希臘神話裡有個蛇髮女妖，她的每根頭髮都是一條毒蛇，讓人毛骨悚然，被她瞪一眼，就會變成石頭，是不折不扣的「蛇蠍美人」。不過在一些民族或文化裡，也有敬蛇的傳統。例如，排灣族相信百步蛇是其祖先及守護神，工藝品中常出現牠的英姿；古埃及以眼鏡蛇為聖神，象徵權力、尊貴和榮耀，國王的石棺上便有眼鏡蛇；在印度，眼鏡蛇被認為是印度教三大主神之一濕婆的化身，許多寺廟的雕刻上都有眼鏡蛇的圖案；中美洲墨西哥的原住民阿茲特克（Aztec）人則崇敬響尾蛇，許多雕刻作品都有牠的圖案。顯然，在世界各地，尤其是熱帶地區，毒蛇是當地人「畏而生敬」的對象。

埃及歷史上，名氣最大的蛇就是埃及豔后克麗奧佩特拉（Cleopatra）在戰敗於羅馬後，用來自殺的那條蛇，據傳她讓蛇咬她的乳房。雖然史家都說那是一條眼鏡蛇，但蛇類專家並不這麼認為，理由之一是，雖然有人遭到眼鏡蛇襲擊後，十五至二十分鐘內即死亡，但通常毒發身亡的時間還要長一些，而根據一些史書的記載，據說衛兵在幾分鐘後趕到現場時，克麗奧佩特拉和兩位女僕已氣絕身亡。也有人認為鎖蛇動作緩慢，操作上較方便，以鎖蛇之類自殺比較有可能，但致死的時間至少也要一天。

不管是眼鏡蛇也好，鎖蛇也好，都是致命性毒蛇，都分布於非洲北部及中東地區。我個人主觀地希望她是以眼鏡蛇自盡的，因為眼鏡蛇的蛇毒多為神經毒，在咬傷部位會引起嚴重的出血及神經系統的痲痺，如此一來，這歷史上的大美女，死後還能依然維持美貌。若使用鎖蛇，除了上述的症狀外，身體各處還會有內出血、皮膚糜爛、臉部呈現浮腫等，死亡的時間也會拖晚一些，美女將多受一些苦。

在伊莉莎白．泰勒（Elizabeth Taylor）主演的電影《埃及豔后》中，埃及豔后把手伸進裝有眼鏡蛇的籠子裡，而非一些傳說的——讓蛇去咬她的胸部。若是想要速戰速決地死去，電影裡的方法比較合理。因為將藥物注射於肌肉組織時，藥效出現得較快；注射於乳房等脂肪組織時，藥效出現得較慢。不管她是否死於「蛇吻」，被哪一種蛇所吻，都讓蛇蒙上了一層神祕的色彩。

【虎頭蛇尾】

被用來比喻做事有始無終。或用來比喻文章開始寫得很好，結尾極差。

【相似詞】虎頭鼠尾、龍頭蛇尾。

虎頭和蛇尾，不只長相差很多，大小也差很多，用它們來形容做事開始時轟轟烈烈、認真進行，最後卻草草了事，實在很生動。不過這則成語多少隱含著對蛇尾的貶抑，其實從動物學的角度來看，蛇細細長長的尾巴，可是大有用處的。

腳已退化的蛇，以爬行的方式推進身體，除了結冰、積雪的地方及試驗室的玻璃板外，無論是泥土地、砂地、岩礫地或草原，都可以在上面爬行，而在爬行的過程中，尾巴扮演著關鍵的角色。

蛇類的爬行方式大致可以分為以下四種：蜿蜒爬行、直線爬行、伸縮爬行、側彎躍行。其中最基本的是蜿蜒爬行，所有的蛇都能以這種方式爬行。也就是蛇的身體呈水平波狀彎曲，全身的肌肉往後推，施力於粗糙的地面，逐次收縮波動的身體，並同時豎起腹面的鱗片，扣住地面凹凸的部分，利用地面的反作用力推動蛇體前進。

第二種是直線爬行。這種方法常見於一些像是蟒蛇等體型較龐大的蛇類。以腹部的鱗片做為支撐點，靠著摩擦力抵住地面，再以肋皮肌的收縮將蛇的整個身體推向前方。第三種方式是伸縮爬行，即手風琴式運動，較常見於生活在洞穴的蛇類，或其他在狹長空間爬行的蛇類。牠先以身體的後半部抵住地面，頭與前半部向前側提升拉起；前半部著地之後，後半部再依次拉起並向前移，如此反覆進行，保持僅以部分身體與地面接觸的姿勢，避免被炙熱的地面所燙傷。第四種側彎躍行，是身體快速彎成對稱的S型，讓身體只有兩個點和地面接觸，而作波浪式的移動。

不管採取哪種方式爬行，如果蛇沒有尾巴的「推波助瀾」，活動力便會大為降低。尤其眼鏡蛇等豎起前半身的姿勢，得靠尾巴才能辦到。早期的書上，曾有一隻蛇咬住自己的尾巴，形成一個圓而滾動的圖像，其實那完全是憑空想像的結果，即使強迫蛇採取這種姿勢，牠還是做不到的。

蛇類爬行的速度極其緩慢，非洲蔓蛇（*Thelotornis capensis*）時速十六公里、**鞭蛇**（*Masticophis flagellum*）五·八公里、響尾蛇三·三公里，非洲岩蟒（*Python sebae*）一·六公里、鼠蛇（*Elaphe obsoleta*）〇·六公里、玫瑰砂蚺（*Charina *trivirgata*）〇．四公里、印度蟒（*Python molurus*）〇．一公里。不過蛇在受驚逃跑的那一瞬間，確實爬行得很快。

有些蛇還會滑翔、爬樹或游泳，而此時，尾巴也發揮了重要的功能。例如分布在東南亞、印度東部，以會滑翔聞名的跳蛇（*Chrysoplea ornata*），牠的滑翔距離可達一百公尺。滑翔時，牠會先壓扁腹部，以降低空氣的阻力，並藉此減低降落時的速度，並同時將腹面鱗片往前收疊，讓整個身體形成縱走的凹陷，豎起尾巴前後擺動，以保持身體平衡。

還有一句和「虎頭蛇尾」意思相近的成語「虎頭鼠尾」，其實也是太小看老鼠尾巴的功能了。不必細述有袋類的負子鼠母鼠用尾巴勾住幼鼠一起行動的轟烈事蹟，看看在我們居家環境活動的褐鼠、黑鼠，就知道鼠尾的妙用了。褐鼠、黑鼠往高處爬時，會將前腳靠牆，用後腳站立，以尾巴為另一個支點，讓身體站穩；在牆壁上走動時，牠們也須利用尾巴來保持身體的平衡。

【蛇兔聯盟】

比喻強暴的人誘騙弱者跟他合作，最後又把弱者給併吞。

在自然界，蛇和兔子一起生活的畫面，是不可能存在的，更甭提聯盟了。蛇若進入兔穴，絕對不懷好意，目的必在吞食穴裡的小兔子。

這則成語讓我想起《聖經·舊約·創世記》第三章出現的蛇，牠口蜜腹劍地引誘夏娃，最後導致亞當與夏娃被逐出伊甸園，這隻蛇稱得上是「蛇兔聯盟」中的蛇，不過牠最終也受到上帝的懲罰。其實不只在基督教的文化裡，在許多其他的文化裡，蛇也都是創世神話中的動物，而且成為多種動物的敵人，不僅令人類心生恐懼，也讓其他動物畏忌。

但深入來看，人們對蛇有兩極的看法，一是代表萬惡、偽善、陰謀、背叛，甚至肉慾的動物，一是代表智慧、預言的動物，換句話說，蛇既參與創造，又參與破壞的工作。正如在創世之初，蛇是人類原罪的始作俑者，在《聖經．舊約．民數記》第二十一章第六至第九節裡，上帝指示摩西製造一根用青銅雕刻的蛇杖，凡被蛇咬的，一看到這根銅蛇杖就能痊癒。

在希臘神話裡，蛇是智慧的象徵，也代表生命的復甦、神祕的療傷能力。醫神阿斯克萊皮達斯（Asclepiades）醫術高超，可讓病人起死回生，宛如蛇蛻下舊皮，換上新皮。他手持的權杖，上面就盤繞著一條蛇，而這個圖像後來也成為醫學的標誌，古希臘時，很多奉祀他的神廟，都兼具診所的功能。公元前四世紀的希臘哲學家、科學家亞里斯多德，則開啟了科學理性的思維，他和其他同時代的一些醫生，不僅觀察蛇的習性，掌握牠蛻皮、交尾的情形，並動手解剖牠，研究牠的生理構造及毒性，著手將它用於醫療。

至於中國文化對蛇基本上是貶多於褒，尤其和龍相提並論時，從「龍蛇雜處」、「毒蛇猛獸」、「地頭蛇」、「一朝被蛇咬，十年怕草繩」等用語就可看出。民間故事裡的蛇，也以反派角色居多，雖然有《白蛇傳》那樣對蛇比較正面且寄予同情的故事，但畢竟是少數。以下介紹的「蓮花往生」故事，也足以反映民間一般對蛇的認知。

這個故事有好幾種版本，大意是說相傳在一座寺廟裡，每當和尚們修道完畢打鐘時，寺前的池塘便會浮現一朵大蓮花，據說坐在蓮花上就可以到極樂世界，於是不少老人前來坐上蓮花沉入水中。

有一天，某個官員的老母親想來坐此蓮花往生，但官員不相信這一套，決定先到廟裡實地考察。他發現坐在蓮花上的人都有一副苦悶的表情，於是回家找人用麵粉摻入砒霜，捏了個老母親的人像放在蓮花上，第二天水面浮起一條巨蛇的屍體，剖開蛇肚一看，裡面竟有一大堆衣服的釦子。

不知廟裡的住持之前知不知道巨蛇的存在？如果知情，卻任由「乘蓮花往生」的迷信殘害信仰單純的老人，豈非「人蛇聯盟」？當然，故事就只是故事，不必太嚴肅看待！

【畫蛇添足】

比喻多此一舉而於事無補。又作「畫蛇著足」、「為蛇添足」、「為蛇畫足」。

【相似詞】多此一舉。

這則成語出自《戰國策．齊策二》。戰國時代，楚國有兩個人，說好比賽畫蛇，贏的人有酒可以喝。其中一人動作很快，沒多久就畫好了，但他一時興起，為蛇畫了四隻腳。結果蛇變得不像蛇，反而失去贏的機會。

蛇確實沒有腳，至少沒有前腳，胸骨也完全退化；蟒蛇之類腹面總排泄口旁則有退化成鱗片狀的後腳。有些人認為曾看到有腳的蛇，那應是剛交尾完的雄蛇的交尾器，即蛇鞭。蛇鞭相當長，呈雙叉狀，乍看確實像一對後腳；在打蛇或用火燒蛇的時候，牠的尾基部肌肉由於受到強烈刺激而往往會收縮，以致交尾器被擠出體外或擠出肛門。

蛇沒有腳，卻能夠爬行，因為牠有特殊的運動器官和運動方式。蛇全身披著一層角質鱗。這種鱗片不像魚鱗一片片，而是連在一起的。由於蛇沒有胸骨，身體可以自由彎曲，當肋皮肌收縮時，肋骨向前移動，腹鱗便翹起，彷彿腳一樣地踩著地面，推動身體前進。

為何大多數的蛇沒有腳，或者即使有後腳也變成鱗片狀？原來蛇是在一億三千萬年前的白堊紀，從蜥蜴型的穴居性恐龍演化而來的，由於只靠整個身體的推進力，就能在隧道中或落葉下生活，四腳在棄而不用的情況下逐漸退化，原本用在發育四腳的營養，便改用來強化身體的肌肉，提高身體的靈活度。

那麼是不是沒有腳的長形爬蟲類都是蛇？那可不一定，有一種沒有腳的蜥蜴叫做蛇蜥（*Ophisaurus harti*），牠看起來像蛇，但與蛇有很大的差別。例如牠的聽力比蛇好，有外耳及可開闔的眼瞼；牠不像沒有外耳的蛇必須整個身體貼在地上爬行，靠腹部感受從地面傳來的震動。但更明顯的差異在腹鱗的排列。

蛇的腹鱗較大且呈長方形，在腹部排成一列；蛇體上還有另一種小型且略呈三角形的鱗片，叫做體鱗，覆蓋腹面以外的身體各處。蛇自脖子至肛門的腹面由單排的腹鱗所覆蓋，自肛門至尾端則由體鱗如瓦片般地覆蓋。但蛇蜥沒有腹鱗與體鱗之別，全身都由體鱗所覆蓋，因此，光看腹面，就可以識別蛇或蛇蜥。

【為虺弗摧，為蛇將若何】

虺，小蛇。指還是小蛇時不打死牠，等牠長成大蛇後如何制伏呢？比喻禍根不除，後患無窮。又作「為虺勿摧，為蛇將若何」。

這則成語出自《國語．吳語》：「夫越王好信以愛民，四方歸之，年穀時熟，日長炎炎。及吾猶可以戰也。為虺弗摧，為蛇將若何？」這裡的虺、蛇，顯然泛指毒蛇，所以才擔心小蛇長成大蛇後會闖下更大的禍，造成更大的災難。

姑且不論蛇有毒沒毒，先來看看小蛇長到大蛇的過程。蛇與其他脊椎動物一樣，在發育的過程裡身體會變大，也就是會形成新的肌肉、骨骼、鱗片，但牠並非逐步追加新的脊椎骨、鱗片，而是和昆蟲、蝦、蟹一樣，藉由蛻皮而生長。但不同的是，蛇的表皮（即鱗片），不像昆蟲的外骨骼那麼硬，它們具有伸縮性，能隨著肌肉及骨骼的發育而長大。

雖然小蛇一直長大，不過發育速度容易受到氣候影響，而且到了一定年齡以後，長大的幅度就減緩，到最後則幾乎看不出來。一般來說，蛇在性成熟之前發育得相當快，在孵化後一年，幼蛇的體長通常已長大到孵化時的兩、三倍。大型蛇的發育速度，雖然比中、小型蛇慢，但也同樣隨著年齡的增長而減緩，尤其雌蛇到了成蛇期，身體往往不再長大，而把重點放在攝取產卵所需的營養。

蛇一生到底能夠長到多大？這是個很難回答的問題。已知北美黑蛇（*Coluber constrictor*）與赤煉蛇（*Rhabdophis tigrinus*）各有九年與六年的壽命，成蛇體長各為七十～一百公分與九十～一百公分，美國一所動物園飼養的一條球蟒（*Python regius*），壽命則長達四十七年。

就大多數的蛇而言，當氣溫為攝氏十六度時，體溫也會降到這種溫度，此時雖然胃中仍有食物，但消化系統已無法順暢運作，發育也大受影響。影響蛇發育的另一因素為新陳代謝，蛇的新陳代謝率低，耐餓性高。哺乳類動物若長期沒有進食，就會因飢餓而停止生長，後來即使獲得充分的食物，卻已無法恢復原先的成長率，而導致身體矮小。反觀蛇類，儘管餓了好長一段時間，如一獲得食物，便能恢復原來的生長率。由此可知，蛇的發育可有很多變化。

例如南美的巨水蚺，體長九～九．五公尺，最長可達十一．五公尺，並以身體粗、重而聞名。這種蛇在體長五公尺時，約有一公尺的體圍、一百公斤的體重。另一種有名的大蛇——網紋巨蟒，體長八公尺，才有一百公斤的體重。巨水蚺是行卵胎生，一次生產可孵化出二十～四十五條幼蛇，體長為七十～八十公分。根據試驗室的飼養紀錄，幼蛇們在五至七年之間，長大到體長三公尺。

雖然蛇不蛻皮也可以長大，但在發育過程中，蛻皮還是很重要。就也進行蛻皮的昆蟲來說，其蛻皮次數雖因種類而異，但在幼蟲期或若蟲期的蛻皮次數大致一定。但蛇並非如此，兩次蛻皮間的間隔，會依取食量、發育程度、鱗片的磨損度而有異，除了冬眠期，或天氣過熱、不適合牠們活動的季節外，牠隨時都可能蛻皮，尤其在熱帶地區，全年都可以看到蛻皮中的蛇。剛孵化的幼蛇大致在二、三天內就開始第一次蛻皮，若是表皮受傷的蛇，為了療傷，也會增加蛻皮的次數。

蛇在蛻皮之前，新表皮上的舊皮底層細胞會因死亡而溶化，隨著死亡細胞的溶化，表皮外層變得柔軟且透明化。原本蓋在眼睛上的鱗片，則會變成不透明的乳白色而視力大減，因此這時候的蛇，多蟄居在蔭蔽處。蛻皮中的蛇相當暴躁，就連平常性情溫順的蛇，此時往往也會攻擊入侵的騷擾者。

經過五、六天的蟄居期，蛇的眼鱗又恢復為透明，牠開始把身體靠在粗糙的表面磨擦，從口唇部開始慢慢地蛻皮，通常約在兩個星期完成蛻皮，而出現顏色新鮮、體上花紋明顯的新表皮。經過數天至數個月的取食活動，蛇才又進行下一次的蛻皮。因此，蛻皮次數，不僅依蛇種而有很大的差異，也受制於每條蛇生活環境的變化。

在許多文化裡，蛇的蛻皮現象被視為青春永駐、長生不死的象徵。根據中醫的研究，蛇蛻含有骨膠原等成分。《神農本草經》說它具有祛風、解毒、明目、殺蟲等功效。

【跛鼈千里】

鼈走路緩慢又不穩，但堅持不懈，依然可以爬行千里。比喻一個人只要努力學習，雖然資質駑鈍，也會有所成就。

【相似詞】駑馬十駕。

這則成語出自《荀子．修身》：「故蹞步而不休，跛鼈千里，累土而不輟，丘山崇成。」和《伊索寓言》中「龜兔賽跑」的故事宗旨相呼應，都在勉勵人後天的努力學習，能彌補先天的不足。

烏龜和鼈都是行動緩慢的代表性動物，分布於加拉巴哥群島（Galapagos）的象龜，步行時速只有三百三十公尺，其他小型的龜、鼈更是緩慢。龜和鼈同是屬於龜鼈目的爬蟲類動物，在外形上頗為相似，但一般來說，鼈的頸部較長，吻端細長突出，尾巴比較短且時常縮進殼裡。然而，龜和鼈最明顯的差異還是在於龜甲。

龜殼由背面和腹面的兩大片骨板所構成，所謂的龜甲，是由下方的骨板與表層的盾板所組成，背側的龜甲為背甲，腹側為腹甲，一般所說的龜甲是指背甲。鼓出如屋頂狀的背甲，主要由六角形的小骨片所形成。背甲外層與內層的小骨片，縫線部分並不一致，這和蜜蜂巢脾的建構原理完全相同。巢脾是由許多六角形的蜂房所構成，以最少的材料形成最堅固的構造。龜的骨板上覆蓋有角質化的盾板，且與骨板交錯排列，外骨骼周圍則有緣板環繞。但鼈沒有盾板，骨板變成一層類似皮膚的革質構造。在英文裡，鼈被稱為softshell turtle，也就是「軟殼龜」。

龜和鼈的殼佔了體重百分之三十，背著它怎麼跑得快呢？想一想體重六十公斤的人背了二十公斤的東西，跑個五十公尺還可以，若是路程超過一公里，也就只好慢慢走了。不過，也因為有了這個笨重的龜殼，牠們才能放心地慢慢走，遇到危險時，只要把頭腳縮進殼裡，就可應付過去了。

大多數的動物為了能自在地活動前腳，肩胛骨就附在肩膀部，然而龜鼈類的肩胛骨卻是附在胸部，支持後腳的骨頭則往上拉到胸部，以便配備那一身堅厚的龜甲。想想一些人為了穿上自己喜歡的衣服，力行減重計畫，這番苦心與龜鼈類比起來，可說是微不足道。因為龜鼈類為了穿上那套龜甲，甚至把骨骼的構造都改了。不過，這樣的用心很值得，龜甲不僅具有避難上的功能，還扮演調節體溫的角色。龜鼈類是變溫動物，陽光的吸收量對牠們的活動力有極大的影響，龜甲宛如一塊陽光集熱板，牠們可藉由改變身體的姿勢，讓龜甲曬到陽光來調整體溫，並且殺菌。

龜鼈類在兩億數千萬年前就已出現在地球上，當時牠們已背著和現在類似的龜甲，所以至今我們還不知道，那些龜甲是如何進化而來的。無論如何，以改變了的骨骼構造，背著笨重的龜甲，想跑得快真的很難。

其實除了龜鼈類外，自然界動作遲緩的慢郎中，還包括定居性動物中的海綿、海葵，同翅類昆蟲中的介殼蟲、蚜蟲等等。以介殼蟲為例，一齡若蟲緩慢地爬離孵化處，尋找可以落腳的生活場所，找到中意的植物棲所後，便在此插入口吻，吸食植物汁液，從此不再搬遷。蚜蟲也一樣，牠們總是懶洋洋地緩緩移行，一旦插入口吻吸食樹汁後，沒有必要就不會再移動。與這些動物比起來，跛鼈還算是較有移動能力的動物呢。

【龜毛兔角】

龜沒有毛，兔沒有角。比喻不可能發生的事。佛典常用以譬喻空理。另指戰事將起的徵兆或預警。

在晉代干寶的《搜神記·卷六》有這麼一句：「商紂之時，大龜生毛，兔生角，兵甲將興之象也。」當然，這是穿鑿附會之說，借異象來合理化起事的意圖非常明顯。

在自然界，的確沒有烏龜長毛的紀錄，但偶爾可以發現龜殼上附生海藻的老海龜，模樣還真像長了毛。尤其是以海藻為主食的綠蠵龜（*Chelonia mydas*），冬天牠常在十~十五公尺深的海底潛泳覓食，取食海藻時，海藻纏繞在身上，看起來就像長了毛的烏龜。

有角的兔子在自然界也看不到，但從已滅絕動物的化石中可以發現。大約在一千二百萬年以前的中新世中期，有一種生活在北美洲大草原的角土撥鼠（*Epigaulus* sp.），體長約六十公分，形態很像現在的北美土撥鼠（*Cynomys ludovicianus*），但牠的前額長了一對骨質的角。這對角的功能如何，不得而知，但由於牠的四肢具有比獾還要銳利的長爪，從掘地挖洞的生活習性來推測，頭上的角或許是用來挖土的。當然也可能是攻擊或自衛用的武器，因為角土撥鼠居住在地底下的巢穴，需要到地面活動、取食草葉和草根，遇到害敵的機會不小，身上必須有自衛的武器才行。不過，大約在一千萬年前，進入鮮新世後，角土撥鼠在與北美土撥鼠、田鼠等的生存競爭中敗陣下來，遂從地球上消失。

談到頭上的角，我們常會想到鹿角。至今具有最大型鹿角的是分布於北美北部、北歐的麋鹿雄鹿，牠的巨角重達八百公斤、角距寬達二公尺。其實在洪積世中期至後期（三十五萬年前至一萬二千年前），歐亞內陸還有一種超大型的大角鹿（*Megaloceros giganteus*），從化石推測，牠體長三公尺、肩高二・三公尺、角距三・七公尺。部分古生物學者認為牠之所以滅絕，就是因為巨角帶來的諸多不便，尤其在沼澤地喝水時，容易因鹿角過重而摔倒淹死。由此可知，龜沒毛，兔沒角，看似稀鬆平常，天經地義，但對龜、兔來說，也可說是最符合生存利益的演化結果。

附帶一提，時下台灣極為流行「龜毛」一詞，用來指稱過度拘謹，鑽牛角尖，做事不乾脆。這個詞出自閩南語，和「龜毛兔角」的成語似乎沒有直接的關聯。

【龜年鶴壽】

比喻人長壽。又作「龜齡鶴壽」、「鶴算龜齡」、「龜鶴同春」、「龜鶴遐齡」、「龜鶴之壽」。

這則成語出自唐代李商隱的《祭張書記文》：「神道甚微，天理難究；桂蠹蘭敗，龜年鶴壽，在長短而且然。」在中國的文化裡，龜、鶴是象徵長壽的動物。

龜有壽命超過二百年的紀錄。生活在加拉巴哥群島的數隻象龜也都有超過一百年的長壽紀錄；鶴平均壽命約為五、六十年，以古人平均壽命大致三、四十歲來看，龜、鶴的確稱得上長壽；而人們對牠們長壽的想像及神話化，更讓牠們披上一層神祕的外衣。

壽命可以分為平均壽命與最大壽命，前者指整個族群存活期的平均值，在一些先進國家，人的平均壽命已超過七十歲，甚至已達八十歲，但在衛生、食物條件及醫療設備較差的地區，人的平均壽命大致在五十歲左右，有的甚至只有四十歲左右，非洲部分國家更因為愛滋病蔓延，人的平均壽命又比以前縮短，例如辛巴威、尚比亞、馬拉威等國。

最大壽命是指沒生病，因生理機能衰退而死亡的年齡，即人在完全理想狀態能夠存活的期間。目前一般認為，人的最大壽命是一百一十～一百二十歲；而生活在野外的動物，最大壽命通常短於被人類飼養的動物。

除了龜、鱷等例外，通常愈大型的動物，最大壽命愈長，例如大型的鯨類及大象為六十～七十歲、河馬為四十～五十歲、熊為二十～三十歲、獅子、長頸鹿為十五～二十歲，兔子十～十五歲，松鼠五～十歲；老鼠雖為一～二歲，但在人為飼養下也有活到五歲的紀錄。

曾有學者針對哺乳類動物壽命與體重的關係，提出這樣的學說：「哺乳類動物的壽命與體重的四分之一的平方成比率」。懷孕期間、從出生到成熟所需的時間、心臟跳動或兩次呼吸時的間隔時間等數據，都合乎此學說。依照上述學說，體重增加十倍時，這些時間都延長一．八倍；當體重增加一百倍時，時間延長約三倍；當體重增加一萬倍時，時間延長約五．六倍。因此，小型動物的心臟、呼吸器、腸胃，都比大型動物收縮搏動或蠕動得快。以心跳數為例，我們一分鐘的心跳為六十～七十次，貓為一百二十次、兔子二百次、褐鼠為三百六十次；若倒過來推算，任何動物一生中的心跳數大約是二十億次，無論是大象或老鼠，心臟搏動第二十億次的時間，是牠最大壽命的終點。

另一個有關壽命的定理是「最大壽命與腦化指數呈正比」。所謂的腦化指數，是指大腦的重量在體重中所佔的比例，可以（體重÷大腦重量）×$^{2}/_{3}$來計算。該指數愈大，腦愈發達，智能愈高。如此計算的結果，可知人的腦化指數為百分之〇·八六，在哺乳類動物中最大；其次為海豚百分之〇·六四，黑猩猩為百分〇·三〇，狗為百分之〇·一四，貓為百分之〇·一二，而烏鴉竟是百分之〇·一六，介於狗與貓之間，馬為百分之〇·一〇，牛為百分之〇·〇六，豬為百分之〇·〇五。

但出乎人意料的是，貝蚌類中也有一些長壽的種群。例如棲息於熱帶珊瑚礁的巨硨蟝蛤（*Tridacna gigas*，巨蚌）中，有些重達二百公斤以上，牠們經過近一百年的發育才變成這麼大。壽命超過一百年的貝蚌類生活在寒帶、亞寒帶的海洋或河川，牠們是貝殼長徑約為十公分的中型蚌類，由於常被埋沒在缺氧的水底堆積物中，其新陳代謝率降低到在氧氣含量較多處的十分之一以下，節省了大量的能源，因此壽命很長，有活到二百年的紀錄，這可能是動物中最長壽的紀錄。如此看來，貝蚌類或許才是動物界的長壽王國。

那麼到底如何計測貝類的年齡？方法和以年輪計測樹齡的方式大致相同。在菜市場買幾顆貝蚌回來觀察一下，你會發現貝殼上面以殼頂為中心，有許多同心圓狀的條紋，那是相當於樹木年輪的生長輪，又名生長脈。用放大鏡詳細觀察即知，生長輪之間的間隔不一樣，有些較寬，有些較窄，它們也和樹木年輪一樣，受到季節的影響，冬天時生長較慢，所以有不同的輪距。大型文蛤貝殼上的生長輪不僅受到季節變化的影響，也因棲息環境惡化而有所變化，因此也有「擬年輪」之稱。

打開文蛤貝殼時，可以發現裡面有一層半透明的外套膜，包住蚌體，外套膜外側的表皮細胞會分泌碳酸鈣，從外套膜尖端分泌的碳酸鈣結晶在貝殼的周緣，如補貼舊貝殼般地使貝殼逐漸變大。此外，貝殼內側與外套膜之間也有結晶形成，使貝殼加厚。如此雙管齊下，使貝殼呈現年輪。

那麼哺乳類動物的骨頭是否也看得出年齡呢？骨頭看來與貝殼一樣，硬硬的，每年也會加粗，似乎也有生長輪，其實骨頭裡面有骨髓，或者變成中空，骨頭內部隨著生長而溶化，並不留下過去的骨頭部分，因此無法從骨頭的剖面來推測年齡。

【縮頭烏龜】

指遇事膽小退縮、不敢面對現實的人。

在我們的印象中，烏龜遇到緊急情況，便把頭縮進殼裡，以避開危險。其實並不是所有的烏龜都如此，有些龜類如蛇頸龜科（Chelidae）、側頸龜科（Pelomedusidae）、楓葉龜（*Chelus fimbriatus*）等，都因脖子過長而不能縮頭。以兇暴聞名的鱷龜（*Macrochelys temminckii*）、名列保育類動物的海龜，和以鷹嘴龜之名為廣東名菜的平胸龜（*Platysternon megacephalum*）等，則由於頭部較大，無法完全縮頭。蛇頸龜遇到危險的反應是，把長膀子和頭藏在背甲邊緣下，但頭、頸部的外側仍露在外面，在視線不佳的水中，這種方法似乎有效。

蛇頸龜、楓葉龜等，屬於龜目的側頸龜亞目（Pleurodira），從出土的化石可知，牠們曾在白堊紀和第三紀初期廣泛分布於北半球，但受到會縮頭的後起之秀隱頸龜亞目（Cryptodira）的壓迫，分布範圍逐漸萎縮，目前側頸龜亞目的龜類只限於南半球的熱帶地區。

現有的大部分龜類都屬於隱頸龜亞目，所謂的隱頸龜亞目，就是能夠把頸部與頭部伸入殼裡，側頸龜亞目的烏龜則無法將頭完全縮進殼裡，頭部若向殼內縮進去時，脖子則會向兩側彎曲。先出現的側頸龜類，尤其是長脖子的烏龜，後來反不及隱頸龜類來得繁榮，這當然是生存競爭下的結果。想想看要背著笨重的外殼逃生，談何容易！

除了上述分類學上以頭是否縮進殼來分類之外，目前已知的二百五十種龜鱉，又可依其生活方式分成陸棲性、海棲性及生活在淡水水域三大類，其中以生活在淡水的種類最多，超過一百五十種。

龜鱉類與同屬於爬蟲綱的鱷魚一樣，身體被覆著發達的甲殼，但與鱷魚不同的是，龜鱉類的體色較有變化。陸棲性的烏龜多呈褐色，但有濃淡的差異；生活在淡水的一些小型種，則具有兩種鮮艷的體色。例如生活在美國東、中部的錦龜（*Chrysemys picta*），背殼骨板的邊緣呈鮮黃色，腳、頸、腹部側面還具有深紅色的帶紋；分布在東南亞的馬來食蝸龜（*Malayemys subtrijuga*）是在海灘築巢的淡水龜，牠赤褐色的骨板帶著白邊，地龜（*Geoemyda spenglen*）的骨板則呈黃色。

龜鱉類的視力一般來說都不好，陸棲性種類的視野範圍只有二十五度，捕食性的鱷龜類也只有三十度，只有少數種類具備辨別顏色的能力。牠們的聽覺也欠佳，頸部雖有耳孔，但沒有外耳，平常啞然無聲，只有在尋偶期才偶爾發出聲音。相較之下，牠們的嗅覺就比較發達。

由於感覺系統不發達，又背著厚重的龜殼，行動不便，龜類遇到緊急狀況時，很自然地就把頭縮進殼裡，讓堅固的殼來保護牠脆弱的身體，所以把「縮頭烏龜」形容成膽小、怯懦、畏首畏尾，對烏龜一點也不公平！對深諳明哲保身之道的牠而言，縮頭可是最佳的自衛手段呢！

【龜笑鱉無尾】

烏龜譏笑鱉的尾巴短，其實烏龜自己的尾巴也不長，比喻人不知自己的缺點反而取笑他人。

鱉的尾巴確實很短，但和烏龜一樣，其長短視種類而定。大多數的烏龜尾巴都不算長，尤其海龜類，以牠的體長、尾長和身體的比率，其實沒有資格笑鱉，那不過是「五十步笑百步」！

部分烏龜如鱷龜、鷹嘴龜等，以兇暴聞名，牠們有與體長接近的長尾巴。從生物發展的原則來看，生物只容許有用或對牠存活有幫助的身體構造存在，而且不是愈發達，就是愈退化。例如飛翔敏捷的燕子，翅膀發達，腳卻細小，只能用於停佇身體，不能像麻雀般蹦跳，因為燕子把供給腳部發展的營養，投資在翅膀上，以期專心利用高超的飛翔能力來取得生活的所需，既然不必像麻雀般在地上啄食東西，腳就不需要有多發達。同理，較長尾巴的龜類，必定也享受著長尾巴的好處；而短尾的龜或鱉類，也一定有短尾的理由。

若是烏龜能笑，猴子當然也可以笑人類和猩猩沒有尾巴了。猴子的尾巴有平衡身體的作用，尤其樹棲性猴子的尾巴，是在樹枝上走動時，保持平衡的重要輔助器。然而，長臂猴類隨著前肢及前肢上趾的發達，在樹上的活動漸漸由跑走、跳躍，改成以前肢握緊樹枝，垂下身體，從一根樹枝盪到另一根，逐漸產生站直身體活動的可能性，尾巴慢慢派不上用場，以致退化而消失。當黑猩猩、大猩猩等，從樹上移到地面活動後，牠們更朝以後腳走路的直立步行型的趨勢發展，不過由於牠們仍生活在倒木、蔓草等障礙物較多的森林裡，只好還是以四肢步行為主。至於從森林移到平地草原生活的原人，為了瞭望遠處是否有害敵接近或尋找食物，發展出直立步行的姿勢，從此不再需要尾巴。

生活在澳洲草原的袋鼠具有大尾巴，它不僅是袋鼠以後腳站立時支持身體的另一個支點，也是增強跳躍力的重要工具。但另一種代表澳洲的有袋目動物無尾熊並沒有尾巴，幾乎都待在樹上生活，由於動作緩慢，尾巴對牠來說，完全是多餘的器官。或許最原始型的無尾熊具有尾巴，但在演化過程中尾巴逐漸消失。其實有尾也好，無尾也好，都有它所以如此的理由。從動物尾巴的各種形狀，來探討牠們如何利用尾巴，必定是很有趣的話題。

如果烏龜要笑別人無尾，該笑海龜。海龜的背甲後面呈卵形，尾端略為向後突出。從背部看，牠那短短的尾巴就藏在突出的背甲尾端下，幾乎看不到。海龜的四肢扁平，呈槳狀，大型的前肢是游泳時的主要工具，較小型的後肢則用來決定方向，尾巴幾乎成了備而不用的器官。

談到有尾的笑無尾的，使我想起無尾貓。位在英格蘭與愛爾蘭間海峽中的小島曼島（Isle of Man）特產一種名為曼克斯貓（Manx cat）的無尾貓。牠是從長尾的家貓所產生的變種。研究顯示，牠之所以無尾，是因為體內負責脊柱生長的一種基因發生突變。曼克斯貓由於完全無尾，體軀較短，後腳略長，走路姿勢像兔子，被視為家貓中的珍種，價錢比波斯貓、暹羅貓還貴。

無論如何，若是有尾的可以笑無尾的，我想「蝌蚪笑蛙無尾」也是言之有理的成語吧。

【井蛙之見】

比喻人識見偏狹、一知半解。又有「井底之蛙」、「坎井之蛙」、「坐井觀天」、「井蛙語海」等說法。

【相似詞】井魚之見、管中窺豹、以蠡測海、甕天之見、一孔之見。

【相反詞】見多識廣、見聞廣博。

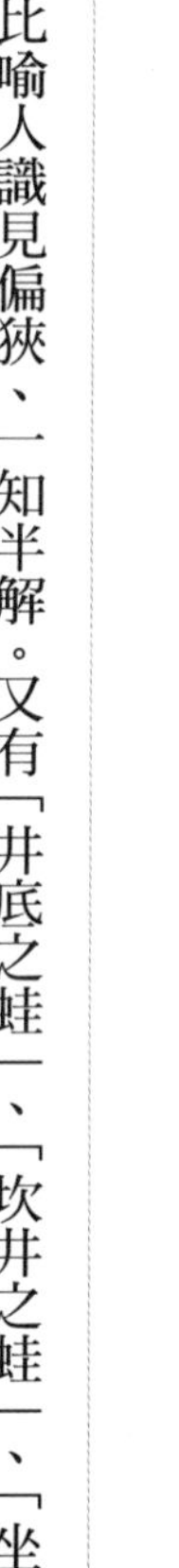

這則成語出自《弘明集·卷二·宋·宗炳·明佛論》：「而乃欲率井蛙之見，妄抑大猷。」但最原始的發想應是來自先秦時代《莊子·秋水》的「井蛙不可以語於海者，拘於虛也。」「夫坎井之蛙之乎，謂東海之鼈曰：吾樂與！出跳梁乎井幹之上。」《荀子·正論》也有：「坎井之蛙，不可與語東海之樂。」可見那時代的人曾觀察到井底有青蛙棲居。

水井之深，如何得知有青蛙？是聽到井裡傳出的呱呱聲嗎？井裡為何會有青蛙？照青蛙的生態習性來看，牠沒有遠離水域的習性，如何進到井裡？蛙類中的蟾蜍，棲居在井裡的可能性也許會比較高。

蝌蚪發育變成蟾蜍後，便離開發育的小池溏而分散到各地，至繁殖期，雌、雄蟾蜍會再回到這個池塘交尾、產卵，回程的距離往往達數公里之遠，至今還不太清楚牠是如何完成這一段長途旅行。只知蟾蜍是夜行性動物，只在傍晚的二、三個小時移動，牠往池塘方向移行十五至二十公尺後，就找地方休息，到第二天傍晚才又再往前移行，如此花上十多天、甚至更久的時間，才到達繁殖地點。

根據一項探討蟾蜍嗅覺的試驗，兩眼完全密蓋的蟾蜍，與正常的蟾蜍一樣，仍可走到池塘，但以硝酸銀燒毀蟾蜍的鼻腔黏膜，因為失去嗅覺功能，牠朝池塘前進的能力便明顯降低。由此可知，蟾蜍仰賴嗅覺來決定行進的路線。我們可以想像，蟾蜍在返回池塘的途中，以空氣中的水氣為指標，幾乎是一直線地爬跳到池塘，如果路上正好有個水井，牠跳進或掉進井裡的可能性是存在的。但其他蛙類沒有遠離水域的習性，除非有人故意把牠丟進井裡或大水災、大風災時被襲捲入井，除此，較難想到其他的可能性。

前面提到兩眼完全密蓋的蟾蜍，行動不受影響，由此可知，蟾蜍的眼睛在生活中並非扮演重要的角色。其實大部分的蛙類都是如此，牠們多半生活在草叢、樹下等視野不佳的地方，視覺器官再好，也不能發揮功能，何況牠們大都在黑暗的夜裡活動，對聽覺及其他感覺器官的仰賴，遠甚於視覺器官。從這個角度來看，眼力不好的青蛙跳進視野不佳的井中，不致有生活上的大礙。

再想想，莊子是戰國時代的大思想家，向來擅長用一些天馬行空且富有想像力的寓言，來針砭時風，揭示人生境界。他以喧嘩的青蛙在井底，來比喻人受限於環境，見識淺薄，並不令人意外。「井蛙」一詞，就這樣深入人心，為歷代文人所習用，唐代詩人韓愈在〈原道〉一文中，就有「坐井而觀天，曰天小者，非天小也」的名句。

從科學務實的角度來看，不管是青蛙、蟾蜍或人，長待在含有水氣的井裡，可能性並不大，但不能諱言的是，在井底的確所見有限。從寓言的角度來看，井底之蛙若有自知之明，就不敢大放厥詞了。

【怒蛙可式】

比喻敬重勇士，向勇士致敬。

這則成語出自《韓非子．內儲說上》：「越王句踐見怒蛙而式之。御者曰：『何為式？』王曰：『蛙有氣如此，可無為式乎？』士人聞之曰：『蛙有氣，王猶式之，況士人之有勇者乎？』」以鼓著氣的青蛙來比喻勇猛之士，確是滿符合蛙類的習性。

《伊索寓言》裡有青蛙吹牛的故事，自負的青蛙面對競爭對手或敵人時，總是像吹氣球般地吞氣鼓脹腹部，來壯大聲勢。

其實蛙類不只在生氣或受到刺激時，會鼓脹腹部，在各種情況下都有不同的反應，例如緊張時，牠會盤著四肢不敢動；遇到害敵時，牠會四腳朝天，憋著氣裝死。此外，蛙類也會把情緒全反應在叫聲裡。

可和蛙類鼓脹腹部相提並論的是河豚（河魨），全世界已知約一百種河豚中，多數都具備撐大肚皮的特技。

先來看看河豚的身體構造，牠的胃與其他魚類的胃不同，呈半球狀，胃底連接於腹部肌肉的內側，胃壁與皮膚都很有彈性；被覆於身體的鱗片變形，呈刺狀；腹鰭與支持腹鰭的骨盤骨，以及包住肌肉的肌膜都已退化，肋骨、鰓蓋也不發達。這樣的身體構造，讓牠能輕易地鼓脹腹部。

河豚受到驚嚇或興奮時，喉嚨部的一枚骨片角舌便會馬上立起來，並快速地張大口部與喉嚨，讓大量的水衝進胃裡，整個身體便像一顆圓滾滾的球。至於被釣上來的河豚，通常也會在岸上吸進大量的空氣。當胃部充滿海水或空氣時，牠立刻關緊發達的胃部括約肌，不讓海水或空氣流出胃。此外還有少數的魚種，如跛步魚（*Antennarius tridens*，三齒躄魚）等也有這種本事，但技巧遠不如河豚之高超。

河豚到底能夠吸進多少水？根據資料顯示，體長約十公分、體重約六十公克的河豚，能喝下二百毫升的水；體長約二十公分、體重約三百四十公克的河豚，能喝下一公升的水，相當於體重三倍的水量。二齒魨科（Diodontidae，棘魨科）的河豚，脹大腹部的同時，也會豎起刺狀的鱗片，保護自己、威嚇害敵的意圖異常明顯，等到體型一恢復，便立刻游走。

河豚似乎在稚魚期就已具備這種鼓脹腹部的功夫了。例如以劇毒及美味而有名的紅鰭多紀魨（*Takifugu rubripes*），孵化後十天的稚魚，體長還不到四公分，就會鼓脹腹部。

不過，自古以來，人們似乎總在牠的肉和毒性上大作文章，因而有「怒蛙可式」的成語，卻不見「怒魨可式」的說法，其實怒魨的威嚇效果可是大多了。

【蛙鳴蟬噪】

比喻無聊的爭論、拙劣的議論或文章。

這則成語強調蛙聲和蟬聲的喋喋不休、令人厭煩，但對一些喜愛荒野之聲的人而言，蛙鳴、蟬鳴可是動人的天籟。在此只就蛙鳴來談，蟬噪的部分就留到「噤若寒蟬」的單元（見182頁）來介紹。

雖然都市已較少聽到呱呱的蛙鳴了，但自初春開始，鄉野、稻田的水澤邊，仍不難聽到熱鬧的青蛙大合唱，這是雄蛙為了尋偶而賣力獻唱的時刻。其實不只是青蛙，所有的雄性動物為了留下更多後代，都會積極地向雌性示好，以求得交配的機會。至於雌性，「她」也想和體健力壯的雄性交配，好留下更多且體質更優良的後代。在繁殖季以外的期間，蛙類大部分都靜靜地單獨待在暗處，很少發出聲音，也不和其他青蛙接觸。因此，可以說蛙類鳴叫的主要目的就是求偶！

雌蛙的擇偶標準就是雄蛙叫聲是否「中聽」。獲得雌蛙青睞的是宏亮雄壯的叫聲，因為這種鳴叫必定出自於身體健壯成熟的成蛙。雄蛙似乎也了解這一點，不僅賣力地鳴叫，為了讓鳴聲更響亮、傳得更遠，牠們還常聚在一起，進行前面所說的大合唱。通常由一隻雄蛙帶頭唱，然後一隻接著一隻輪唱，雌蛙就靜靜地坐在田畦，邊聆聽雄蛙的情歌，邊評估哪一隻的叫聲最大、最悅耳。此時，雌蛙和雌蟬一樣，只當忠實的聽眾，除了極少數例外，不大會跟著鳴叫。雌蛙一旦決定好對象，就跳到該隻雄蛙旁邊，被挑中的雄蛙見狀，立刻興奮地跳到雌蛙背上，於是情投意合地雙雙移向產卵場所。

由於蛙類有鳴囊當作共鳴腔，蛙鳴顯得格外大聲，這也就是讓人感覺嘈雜的原因。通常鳴囊愈大者，叫聲愈宏亮。但是並非所有的蛙類都會鳴叫，有些蛙類沒有鳴囊，不會鳴叫，鼓膜也不明顯。一般來說，在溪流繁殖的蛙類鳴聲比較小或不善鳴叫，因為流水聲實在太大了，不管怎麼鳴叫，都會被水聲蓋住。

雖說雌蛙喜歡宏亮雄壯的叫聲，但所謂的「宏亮雄壯」，也依青蛙的種類而定。通常體型大、體重較重的雄蛙，鳴聲較低沉；體型小、體重較輕的，叫聲較高亢。棲息在澳洲的一種青蛙，雌蛙善於辨別聲音的高低，牠會巡迴在一群雄蛙之中，根據牠們的叫聲來評估其體重和健康情形，並選出大約自己體重七成左右的雄蛙為配偶。牠為何刻意挑選只有自己體重七成的雄蛙交配呢？原來雌、雄蛙成對後，雌蛙需要背著雄蛙游數十公尺到產卵場所產卵，而且在長達七個小時的產卵期裡，雌蛙都得背著雄蛙。如果雌蛙選的雄蛙體型過大，雌蛙將面臨體力不濟的窘態，而影響產卵的任務。

雄蛙除了求偶的叫聲外，還會發出警告其他雄蛙遠離自己領域的鳴叫、和雌性交配時發出的鳴叫、驅逐其他雄蛙的鳴叫、被害敵逮住的求救聲，甚至被其他雄蛙或別種蛙類抱錯時的呼叫聲等等。由此可知，在人們看來嘈雜喧嘩的「蛙鳴」，其實是維繫蛙類生活及其種族延續很關鍵的一項利器。

【一決雌雄】

比喻互相較量以決定勝敗、高下，有決心拚鬥的意思。又作「決一雌雄」。

【相似詞】一較高下、一決勝負。

這則成語出自《史記．卷七．項羽本紀》：「天下匈匈數歲者，徒以吾兩人耳，願與漢王挑戰，決雌雄，毋徒苦天下之民父子為也。」古人以女性的雌代表敗者，以男性的雄代表勝者，十足反映了女性在體能上的弱勢，對現實的描述，多過對女性的歧視。

站在動物學的觀點，動物的雌、雄，多由性染色體來決定。但雌雄的決定並不那麼單純。像變形蟲、水螅等以細胞分裂或出芽無性生殖而繁殖的動物，沒有雌雄之別；蝸牛、蛞蝓等雌雄同體的動物，雖然不必「一決雌雄」，但牠們遇到另一隻同種時，仍會交換精子與卵細胞，進行異體交配。雌雄同體的動物兼具雌、雄功能，看來很方便，其實雌、雄性生殖器官沒有分工之實，不能充分發揮雌、雄性各有的特別功能。大部分的鳥類及哺乳類動物，雌、雄都分得很清楚，除了極少數半陰半陽的畸型例外。

魚類的情況就複雜些。硬骨魚類中有些魚種的性別是會改變的，魚的生活史和其他多數的動物一樣，自卵的受精開始，受精卵孵化發育一段時間後，長成類似成魚的稚魚，過沒多久稚魚體內就形成生殖腺，但此時仍未分出雌、雄，要再經過一段時間，生殖腺才朝向精巢或卵巢的方向發育。這就是雌雄異體型魚的發育過程。

至於雌雄同體型的魚大致可以分為以下兩類：一、稚魚體內的生殖腺都發育為卵巢，產卵後卵巢變成精巢，在下一次產卵期扮演雄魚的角色。二、生殖腺先發育為精巢，長成雄魚，此後精巢再變為卵巢，改以雌魚的形態產卵。

例如鯛魚中的紅鯛、黃鯛等紅色種類，就是先雌後雄的第一型；黑鯛等黑色種類則是先雄後雌的第二型。也就是說，年輕、小型的紅鯛都是雌魚，中型者可說是中性，大型者是雄魚；而黑鯛正好反過來，但其中也有少數堅持年輕時代性別的魚。所以只憑魚身體大小，不能百分之百確定牠們的性別。像海鮮店常見的石斑魚，是先雌後雄型，但有些種類的石斑魚又是先雄後雌型；鱔魚類是先雌後雄型，但同樣身體長長的虎鰻、泥鰍則是先雄後雌型。

變更性別到底有什麼好處?對雌魚來說，牠的任務是產愈多的卵，但卵的發育形成需要比精子更多的時間和能量，先雄後雌的話，牠就可以在長成之後才產卵，且產下較多的卵。對雄魚來說，最在乎的則是與雌魚交配的機會，而在交配次數比雌魚多，且常是一雄多雌制的情況下，為了爭奪雌魚，牠必須和其他雄魚爭鬥，此時身體大型的佔上風，因此，若是先雌後雄，牠就可以在長成之後才作爭鬥，也就能夠獲得更佳的交配機會。

此外，外界的因素也會影響「一決雌雄」的結果。例如鱷魚、烏龜之類，牠們產一堆卵在土中，利用地熱來孵卵，此時的溫度將決定孵化後代的性別。高溫時，鱷魚、蜥蜴的雄性後代佔極大多數，低溫時即成雌性世界。多種烏龜則恰恰相反，高溫時孵化出雌龜，低溫時變成雄龜。但棲息於北美大陸的蠵龜，溫度過高或過低時才出現雌龜，中間溫度時出現雄龜。而且牠們對溫度的變化相當敏感，例如赤蠵龜（*Caretta caretta*）在攝氏二十八度以下時，孵出來的都是雄龜，在攝氏二十八度至三十度之間，雌、雄皆有，但超過攝氏三十度時全都是雌龜。

如此看來，在人類社會「一決雌雄」而得以勝負立見的場面，在動物世界可沒那麼單純。

【危如累卵】

比喻情況危急，像堆累的蛋隨時可能跌破。又作「危如壘卵」、「危於累卵」、「危猶累卵」、「累卵之危」。

這則成語出自《韓非子．十過》：「其君之危，猶累卵也。」〈十過〉篇列了治理國事的十種嚴重的過失，其中最後一項是「小國無禮」。韓非以曹國為例，談到曹國夾在晉、楚兩大強國之間，曹國國君就像疊起來的蛋，隨時可能跌破，但他卻行事莽撞無禮，不聽諫臣的忠告，最終難逃敗亡的命運。

照常理來說，卵堆疊起來確實岌岌可危，但鱷魚、海龜之類，卻常把數十粒或上百粒卵產在一起，形成卵堆，由於這些卵產在土中，因此不會崩塌。昆蟲中也有刻意製作累卵的種類，那就是革翅目的蠼螋。

蠼螋雌蟲大多在石頭、落葉下築造簡單的土窩，作為產卵場所。雌蟲與雄蟲在秋天交尾後，會一起待在土窩裡越冬，到了翌年春天，雌蟲產卵的時期，雌蟲便把雄蟲趕出去。雌蟲這麼狠心是有道理的，因為蠼螋是捕食性昆蟲，雄蟲很可能會把卵吃掉，雌蟲才不得不出此下策。趕走雄蟲後，雌蟲便在土窩各處產卵，共產下五十～一百粒卵。產完卵後，再小心翼翼地用嘴一次含一粒將卵堆在一起，形成累卵後，自己再爬上卵堆保護它。

充滿母愛的蠼螋會不時以小顎鬚迴轉卵粒，或以嘴舔拭卵的表面，用腳調換卵的位置，有時牠還會把卵堆撥散，在土窩中的另一個角落重新疊起卵堆。為什麼母蟲要如此大費周章呢？原來蠼螋的卵對濕度很敏感，窩裡太濕會發黴，太乾會枯死，母蟲必須隨時細心地觀察溫度的變化。當土窩中的溫、濕度太高時，牠就撥散卵堆；當溫、濕度較低時，就把卵堆在一起。

母蟲的護卵行動持續兩、三個星期，為了讓卵孵化順利，接近孵化期時，母蟲會將卵並排。此後孵化的若蟲和母蟲一起生活，直到完成第一次蛻皮後，若蟲們就各分東西，母蟲也開始尋找第二春，預備進入另一次的交尾、產卵期。不過，一生產兩次卵的母蟲其實不多，因為母蟲從產卵至若蟲自立，這段期間常常不眠不休且不取食，早已耗盡體力，部分母蟲甚至會以自己作為若蟲的食物。據說部分種類的蠼螋母蟲，會從腹部的絨毛分泌一種物質，供若蟲取食，果真如此，那已是哺乳行為的一種原型了。

蜈蚣也是以累卵的形式孵卵，牠將幾十粒卵堆在一起，用身體圍住卵堆，為防止卵發黴，牠會一天舔拭卵數次。爬蟲類中比較高等的蟒蛇，也以堆疊卵堆而抱卵著稱，當氣溫較低時，母蛇還會不斷地抖動身體，讓自己的體溫升高，以使所抱的卵得以保溫。

由此可知，在自然界，累卵對一些動物而言，是極其必要的措施，是確保卵完好無缺、順利發育的一種手段，可是一點也不危險的！

【羽化登仙】

人得道而飛昇成仙。形容人遠離塵囂，飄灑如臨仙境。又作「羽化飛天」。

這則成語出自北宋蘇軾的〈赤壁賦〉：「飄飄乎如遺世獨立，羽化而登仙。」飛昇到雲霧飄渺的天上當神仙，是古人所嚮往的，仙境雖難登，但東坡居士在赤壁之遊，已然領略到成仙的化境。

羽化是指昆蟲從沒有翅膀的若蟲或蛹，變成有翅膀的成蟲而飛翔。人們看來浪漫、瀟脫的羽化飛天，對昆蟲來說，則是一生最重要的時刻，它是從只顧自身的營養發育期，轉變到以傳宗接代為目標的生殖發育期。具有翅膀的昆蟲，需要把翅膀慢慢地從最後一齡若蟲體或蛹體中拉出來，過程若有些閃失，無法伸出翅膀，造成翅膀皺縮，就不能順利起飛了。因此，大多數的昆蟲，會選擇風靜且天敵還未開始活動的夜深至黎明時期羽化。

觀看一隻蝴蝶自蛹羽化的情形，令人感到驚喜；而外形不甚雅觀的水蠆，從水裡爬出來，羽化成有兩對翅膀的蜻蜓，更讓人感受到生命的躍動。在此就以台灣很常見的白刃蜻蜓（*Orthetrum albistylum*）為例，略為介紹牠的羽化過程。

蜻蜓的稚蟲水蠆在水中以鰓呼吸，完全成熟後就不再捕食，並將上半身伸出水面，利用胸部的氣門開始呼吸空氣。所以，對蜻蜓而言，羽化不僅是營養、生殖發育期的變換期，也是改變呼吸方式的關鍵時期。羽化之前，水蠆先落腳在禾稈、草莖等較穩定之處，等到深夜才慢慢地爬出水面，並物色羽化的場所。找到可以固定身體的場所後，牠將身體反轉，向左右搖擺尾部，並伸展腳部，重新檢查周圍有沒有障礙物，看看此處是否穩妥安全。此時的水蠆警覺性很高，四周若有任何動靜，便馬上停止羽化，回到水裡。然而一旦開始羽化，牠就只能專心地羽化，即使以電燈照牠或靠近觀察牠，牠都不在意，旁若無人地專注於自己身體的變化。

白刃蜻蜓的羽化，開始於從胸部背面中央裂出一條細縫，成蟲胸部最先從裂縫凸出來，接著出現的是一對大複眼和縮皺的翅膀。此時的翅膀看來就像是用薄膜做成的「袋子」，但隨著大量的體液擠進袋子後，翅膀便慢慢張開，完全伸展開時，袋子便緊緊貼成一層，變成了一對薄翅。之後成蟲把腳從水蠆殼中伸出來，但腹部仍留在殼裡，休息了大約三十鐘，腳部外骨骼硬化後，才用腳緊捉住殼拔出腹部。剛從殼裡撐出來的腹部較為粗短，過了一陣子才變成我們所熟悉的苗條腹部。羽化之前，由於從肛門吸收了一些水分，又從口器吸進空氣，水分與空氣進到腹部的腸子裡，讓腹部看起來鼓脹變長。

在羽化的過程中，蜻蜓不斷地開、閉口器，吸進空氣，不久從肛門滴下一滴一滴的水，使得原來軟軟的腹部變得又細又硬。在這期間，乳白色的翅脈逐漸褪色，當翅膀完全變透明時，羽化的工作就完成了，此時兩對豎起的翅膀突然向水平方向展開，之後就可翩翩飛起了。

由於蟬的若蟲身體一般都比水蠆大，而且常出現在院子裡的樹木上，人們看到蟬羽化的機會遠比蜻蜓多，很自然地就把蟬的羽化和「登仙」聯想在一起，或許因為這樣，蟬被視為瑞蟲。

蟬臨近羽化時刻，成熟的若蟲會從土中爬出來，登上樹幹，在此羽化，然後再飛昇到樹上鳴叫，過程就像從市井小民一路攀升到皇帝一樣。所以，古時以蟬為高昇、昇官的象徵，唐代顯貴者所戴的帽子，上面除了貂尾，還有蟬飾。古人也以蟬若蟲從土中爬出而羽化的行為，象徵逝者的復活，因此有以玉製成玉蟬（琀蟬）放在逝者嘴裡的習俗，祈願逝者能如蟬之羽化般復活。

【物腐蟲生】

物品必先腐爛後才會長蛆。比喻事出有因，內部必定先有弱點，禍患才會產生。

這則成語來自《荀子．勸學》的「肉腐出蟲，魚枯生蠹」，北宋蘇軾《范增論》裡的「物必先腐也，而後蟲生之。」它和《禮記．月令》中的「季夏之月 腐草為螢」類似，都起於「自然發生說」。

所謂的自然發生說，就是相信只要有合適的環境，生物就可以自動發生。雖然早在一六八二年間，荷蘭科學家雷文虎克（A. Leeuwenhoek, 1632-1723）就已用顯微鏡觀察到細菌，但直到一八五七年，法國微生物學家巴斯德（L. Pasteur, 1822-1895）才提出有機物醱酵、腐敗的現象都是由微生物所引起的，在沒有暴露含菌空氣的瓶子裡，不能產生生物，而一舉推翻了自然發生說，而確立了「生源論」；從此，「生命來自生命」的觀念，成為生物學中最基本的原則。

在十八世紀以前，大多數人對自然發生說深信不疑，尤其《舊約・聖經・創世記》第一章第二十四節的「神說地要生出活物來」這一句，深深影響人類對生物起源的看法。例如，人的英文human，來自拉丁文的homo，這與表示土地、土壤的humus同出一個語源；又如，世界上第一個人Adam（亞當），來自希伯來文的Adamer，意思是用土壤做出的東西。這種從無生命的物體產生生物的概念，也見於古代埃及人的聖金龜崇拜。

古埃及的聖金龜崇拜始於公元前二四五〇年的第五王朝，終於公元前五二五年的第二十六王朝，所崇拜的聖金龜，種類依王朝略有差異。擁有高度文化的古埃及人，對聖金龜的生態作過詳細的觀察，並賦予牠特殊的意義，而將牠神聖化。聖金龜所滾動的糞球比牠身體大好幾倍，首先，他們把此糞球看成太陽，將轉動糞球的聖金龜，當做司管太陽東昇西落的太陽神。古埃及人把對太陽的崇拜投射在聖金龜，太陽城（Heliopolis）的司祭官，也就是糞金龜神（Kheper），因此Kheper的名字，也成為埃及暘烏蟻（*Kheper aegyptiorum*）等的屬名。也有人認為聖金龜轉動的不是太陽，而是地球，但當時的埃及人還不知道地球是繞著太陽轉動的星球，波蘭天文學者哥白尼（N. Copernicus, 1473–1543）的「地動學說」，是到了一五四三年才提出的。

古埃及人認為聖金龜只有雄蟲沒有雌蟲，牠們是從糞球自然發生的。但公元前四世紀希臘學者亞里斯多德在他的名著《動物志》一書中，否認過去有關聖金龜的「自然發生說」，提到聖金龜是由糞球中的蛆發育而來的。埋在糞球中的聖金龜，經過與月球公轉相同日數，到了第二十九日鑽破糞球，而出現在地面，並認為新聖金龜的出現，象徵著地球的再生。

不但如此，古埃及人也在聖金龜的形態上發掘特殊的意義，他們將牠頭部前緣如鋸齒狀的一排突起，看成放射的陽光；把牠腳上的跗節看作天，每隻腳有五節跗節，六隻腳合計三十節跗節，認為它代表一個月三十天。當然這種說法值得重新檢討。因為屬於聖金龜的推球糞金龜屬（*Scarabaeus*）前腳並沒有跗節，總共只有二十節跗節，其他屬的糞金龜才有三十節跗節。不管如何，古埃及人在聖金龜的滾動糞球行為中感受到了神祕性，並將牠視為創造、復活、長生等的象徵來崇拜。

聖金龜崇拜，具體地呈現在古埃及的工藝創作中。古埃及人利用瑪瑙、紫水晶、孔雀石等各種石材，將聖金龜的形態刻在印章或符牌上護身避邪，從王侯貴族、武將到一般平民百姓，隨身攜帶的物品或日用品上，都看得到聖金龜的圖案。尤其加上鷹隼翅翼的聖金龜符牌，被認為有讓死者復生的神聖意義，古埃及人相信把它掛在死者的脖子上，並貼靠在心臟的位置，死者日後將會復活過來。由於古埃及人認為聖金龜只有雄蟲，便以牠來象徵勇猛的軍人，軍人們常戴著刻有聖金龜圖案的戒指，祈願自已陣亡後還能復活，這項風俗一直維持到羅馬帝國時代。從上面這些例子可以看出，古埃及人對糞金龜的形態已有相當深入的研究。

以現代生物學的眼光來看，「物腐蟲生」的說法毫無科學根據，但它所呈現的是古人對自然現象的詮釋，反映出一個民族或文化對物種源始的態度，饒富深意，是從事民俗歷史研究時不容忽略的角度。因此，古時中國人藉「物腐蟲生」來賦以道德教育，自有它的文化意涵和民族性，就不足為怪了。

【猿鶴沙蟲】

本是形容戰亂使人變為非人和異物，後來比喻為將士戰死沙場。又作「猿鶴蟲沙」。

這則成語出自《抱朴子》：「周穆王南征，一軍盡化，君子為猿為鶴，小人為蟲為沙。」描述戰爭中君子像鶴像猿猴四處奔逃，小老百姓像螻蟻和泥沙任人踐踏殺戮的場景，帶有馬革裹屍的悲壯及唏噓。

在一些野生動物的觀察資料裡，常可以見到野狼、胡狼、豺犬等成群生活的動物中，有成員為了保護自己的家族或捕獵野豬等大型獵物而喪命。這種為家園犧牲、為公忘私的行為，在社會性昆蟲中也是屢見不鮮的。

社會性昆蟲基本上都是利他主義者，為了集體的利益，個體可以獻出自己的生命，例如白蟻、螞蟻社會中的兵蟻階級。

先就白蟻來說，白蟻最大的害敵是成群活動的螞蟻，為了抵抗螞蟻，白蟻利用長大到第三齡的雄性若蟲，即童子軍，組成自衛隊。像廣泛分布於台灣等熱帶地區的大黑白蟻（*Cryptotermes domesticus*），當害敵侵入牠們的隧道時，數隻巨頭的兵白蟻會集合起來封閉隧道，情況緊急時，就用巨顎在隧道中製造落石事故，封鎖害敵對外的連絡，只是這數隻兵白蟻也難避免陣亡的宿命。此外，牠們的頭部具備了發達的分泌腺，可噴出黏液或有毒液體，使害敵失去活動能力；有些兵白蟻甚至採取自殺式攻擊，自己爆裂頭部，讓大量黏液噴到害敵身上。

螞蟻的兵蟻則是由已成熟但無生殖能力的雌性成蟲組成，也就是娘子軍。觀察一群螞蟻時，往往可以看到頭部及大顎特別發達的螞蟻，牠們便是以捍衛家園為主要任務的兵蟻，一有狀況發生，就捨命當先鋒。另外，還有一種一生默默為家園犧牲奉獻的典型，那就是分布在北美西部至墨西哥西部的貯蜜蟻（*Myrmecocystus* spp.），牠們會選出一些成員充當「活蜜壺」來儲存蜜。工蟻將蜜採回來後，便把蜜吐在「活蜜壺」的嘴裡，大約經過一個月，「活蜜壺」的肚子便已膨大到直徑一～二公分的球狀而動彈不得，只能以大顎咬住蟻巢中的天花板，吊在半空中。當蟻群面臨斷糧危機時，「活蜜壺」便開倉供糧，讓女王蟻、同伴幼蟲及其他工蟻得以飽食。

在氣候多變、食物供給不穩定的沙漠地區，蜜壺蟻著實扮演重要的角色，雖然牠們不必外出採蜜，不會戰死沙場，但為了大家而終生當蜜庫，宛如判了無期徒刑，想想也是滿可憐的。

由於蜜蜂蜂巢裡有大量的蜂蜜及柔軟多汁的幼蟲，成為多種動物取食的對象，其中胡蜂便是蜜蜂的勁敵之一，數萬隻西洋蜂（*Apis mellifera*，即現今飼養的蜜蜂）如遇數隻胡蜂攻擊，往往會全軍覆沒。不過，自古與大胡蜂（*Vespa mandarinia*）在同一地域活動的東洋蜂（*Apis cerana*）卻有獨特的戰術，當大胡蜂接近蜂巢入口時，東洋蜂工蜂便成群跳上大胡蜂身上，在短短的幾秒中，就有五百隻左右的工蜂圍住大胡蜂，並以牠為中心，形成直徑五公分的蜂球。工蜂們不斷地搖晃，讓身體發熱，使蜂球內部的溫度升高到攝氏四十六～四十七度；這樣的高溫維持二十分鐘，就可以熱死蜂球中心的大胡蜂。

由於東洋蜂的致死高溫為攝氏四十七·五度，大胡蜂的為四十四·五度，東洋蜂便能利用這要命的三度落差，把大胡蜂熱死。當然率先跳到大胡蜂身上，接近蜂球中心的幾隻東洋蜂工蜂，也不免要犧牲成仁。

這種集體禦敵的行為，也見於其他種類的昆蟲。其中最值得同情的是一些綿蚜的兵蚜，尤其女萎草綿蚜（*Clematis apiifolia*），牠們一出生就有粗短的口吻和腳，跟其他日後發育為成蟲的成員很不一樣。

這些一齡若蟲唯一的任務就是當敢死隊，以對抗入侵群聚的害敵，儘管是西線無戰事，牠們也沒有發育為第二齡若蟲的命，沒戰死沙場的兵蚜，最終還是得以第一齡若蟲而壽終。

【雕蟲小技】

比喻微不足道的技能。又作「雕蟲小藝」、「雕蟲篆刻」、「蟲篆小技」。

這則成語出自漢代揚雄的《法言·吾子》：「或問『吾子少而好賦』。曰：『然。童子彫蟲篆刻。』俄而，曰：『壯夫不為也。』」也見於《隋書·卷四十二·李德林傳》：「雕蟲小技，殆相如、子雲之輩。」

所謂的「雕蟲」，原是指秦始皇所定的大篆、小篆、隸書、刻符、摹印等八種書體中的「蟲書」，即寫在旗幟或符節上的字體。由於這些字體有的像鳥，有的像蟲，而鳥也被稱作「羽蟲」，所以名之為蟲書。秦朝滅亡之後，西漢仍沿用秦書八體。蟲書與刻符，是八體中最繁瑣的書體，耗費心神和體力，但並不實用。

在整個動物界，昆蟲不算大型動物，說雕蟲為小技，是可以理解的。體型最大的昆蟲是分布在非洲中部的葛雷斯花金龜（*Goliathus goliathus*），其頭角尖端至腹端約十二公分，體重七十～一百公克，約有一隻白老鼠那麼大。體型最小的昆蟲應是纓小蜂科的嚙蟲卵寄生蜂（*Dicopomorpha echmepterygis*），無翅的雄蜂體長只有〇・一三九公釐，體重不到〇・〇〇二毫克，也就是說，五十萬隻雄蜂才重約一公克，但雌蜂有翅膀，體長又是雄蜂的二・五倍。

葛雷斯花金龜也好，嚙蟲卵寄生蜂也好，牠們身體上都有一些獨特奧妙的機制，讓牠們得以立足於千變萬化的自然界。以昆蟲的形體來譬喻一些繁瑣、不實用的枝節或技巧，多少令我這學昆蟲的人感到不平。但從另一個角度來看，以蟲體來呈現文字，未嘗不是肯定昆蟲的身形之美？

自然界中，為何沒有比葛雷斯花金龜更大型的昆蟲？也沒有比嚙蟲卵寄生蜂更小型的昆蟲呢？這是值得探討的問題。當然在試驗室裡應用現代生物技術，說不定能培養出更大型或更小型的昆蟲，但在自然界這是幾乎不可能發生的。

昆蟲身體不能變得更大，主要受限於被覆體表的外骨骼。為了預防體內水分蒸散而乾死，昆蟲用不透水的外骨骼包住身體，以氣管系統直接把空氣送到體內，讓體組織各部位直接吸進氧氣，並排出二氧化碳。由於外骨骼不透水且缺乏伸縮性，生長期間，為了因應身體的變大，必須數度換上新的外骨骼，也就是「蛻皮」。

詳細觀察昆蟲的蛻皮殼即知，脫落的不只是昆蟲的外皮，也包括氣管微小的分枝部分。目前已知氣管系的總長是體長的四次方，即體長為二倍時，氣管系總長為十六倍；體長為三倍時，氣管系總長為八十一倍；體長為四倍時，氣管系總長為二百五十六倍。

因此，體長愈長的昆蟲，氣管系總長愈長，愈難完完整整地脫掉它。但蛻皮時，若留下部分氣管的舊外皮，下一齡期時，就極易因呼吸困難而致死。為了順利進入下一齡期，昆蟲大多躲在隱密安靜、不受干擾的地方蛻皮。由此可知，昆蟲的體長若大幅增加，氣管系的長度將會非常可觀，昆蟲勢必無法完全脫掉超長的氣管系。這也是昆蟲無法長得像小狗那麼大的主因之一。

至於限制身體小型化的最大因子，在於一個細胞功能的負荷量。形成動物身體組織的細胞大小，與動物本身體型的大小無關。大如大象，小如昆蟲，體細胞大小都差不多，只是大象的體細胞數比昆蟲多很多。昆蟲在爬行、飛翔、覓食、尋偶、產卵、禦敵等行為上，有各式各樣、多彩多姿的反應，這些都是形成昆蟲體的細胞分工合作的結果。

愈小型的昆蟲，體細胞數愈少，每個細胞要承擔的功能愈多、工作量愈大，正如一個小單位裡，一個人兼任數種職務一般。如果昆蟲的身體朝小型化發展，體細胞數就會愈變愈少，因而可能發生細胞無法負荷工作量的情況，也將導致該昆蟲無法維持既有的生活方式而滅亡。

目前已記錄的昆蟲超過一百萬種，昆蟲學家預估尚未發現或記錄的種類數，將是這數目的幾十倍。或許以後還能發現比囓齒卵寄生蜂更小型的昆蟲，但出現比葛雷斯花金龜更大型的昆蟲的可能性，則是微乎其微。

【夏蟲不可語冰】

夏天的蟲入秋就死了，不能跟牠談論冰雪的事情。比喻人見識短淺，不能與之談大道理。

【相似詞】蟬不知雪。

這則成語出自《莊子．秋水》：「夏蟲不可以語於冰者，篤於時也；井蛙不可語於海者，拘於虛也。」以經驗有限的夏蟲、井蛙不知冰雪、海洋為何物，來比喻人見識之淺，雖然生動、扼要，但多少帶有調侃和輕蔑的意味。

除了分布於極地圈的昆蟲外，在夏天活動的昆蟲都不可能看到冰雪。眾所周知，結冰的冬天對動物的影響頗大，例如一些動物到了寒冷的冬天，就進入休眠的狀態，或是遷移到溫暖的地方，但許多種類的昆蟲由於一年經過好幾代，而有不同的越冬型態。對在當地休眠而越冬的昆蟲來說，在同一種昆蟲裡，可以分成兩大類：越冬世代和活不過冬天的世代。後者在春天孵化、發育，是不可語冰的夏蟲，前者卻是有資格語冰的冬蟲。

那麼夏蟲和冬蟲有什麼樣的差異呢？最典型的例子就是紅斑蝶（*Araschnia levana*），這是棲息在溫帶地區、未分布於台灣的一種蛺蝶，由於褐底的翅膀上有桔紅色的網狀條紋，而有「地圖蝶」（map butterfly）的別名。牠在春天出現、產卵，是所謂的「春型蝴蝶」。從春型蝴蝶所產的卵，孵化發育而羽化的蝴蝶，是所謂的「夏型蝴蝶」。夏型蝴蝶的翅膀為黑底，有倒八字的粗條紋，因此又叫「倒八蝶」。由於春型與夏型蝴蝶翅膀的花紋完全不同，過去認為牠們是不同種類的蝴蝶，且各自擁有不同的學名，但經過飼養試驗後，才發現牠們是同一種蝴蝶。

為何同一種蝴蝶的翅膀會不一樣？先就野外的情形來說，自夏天至秋天，日照的時間愈來愈短，在這種短日照條件下發育的紅斑蝶幼蟲，化蛹後變成休眠蛹，以此型態越冬，至翌春羽化，則變成春型的地圖蝶。但由地圖蝶所產的卵孵化的幼蟲，發育的時期是春天至夏天，在日照時間愈來愈長的長日照條件下，化蛹後則是非休眠蛹，過沒多久就羽化，變成夏型的倒八蝶。由此可知，幼蟲發育期的日照條件，決定蛹期休眠或不休眠，進而決定成蟲期變成春型或夏型。根據試驗室內的調查研究，在連續十六個小時照光條件下飼養的幼蟲，化蛹後變成非休眠蛹，此後羽化出夏型的倒八蝶;每天只照八個小時的短日照條件下,只飼養出春型的地圖蝶。

那麼把休眠蛹放在高溫下,或把非休眠蛹放在低溫下,牠們各自會有什麼反應呢?休眠本是適應冬天低溫的一種生活方式,嚴格地講,休眠蛹要受到低溫刺激,才能完成蛹期的發育,即幼蟲的身體改變成有翅膀、生殖器的成蟲身體。換句話說,牠們在高溫下無法形成翅膀、生殖器,而且難逃一死。至於處在低溫下的非休眠蛹的命運也相同,牠們本是不具抗寒性的蛹,遇到低溫,當然不堪一擊。

台灣處於亞熱帶地區、四季的變化不像溫帶地區那麼明顯,同種間的差異,自然不像紅斑蝶那麼大,但在一些蝴蝶身上,仍能看到春型與夏型的差異。

【孑孓為義】

小仁小義。又作「呴仁孑義」。

這則成語出自唐代韓愈的〈原道〉：「彼以煦煦為仁，孑孑為義，其小之也則宜。」孑是短小之意，它讓人想起蚊子的幼蟲——孑孓。

孑孓是蚊子的幼蟲，通常我們看到的家蚊，幼蟲體長不到一公分，以牠來形容仁義之寡少，頗為恰當。但孑孓雖小，卻是觀察昆蟲習性及行為的好題材之一。

孑孓多以倒立的姿勢吊在水面之下，從突出於空中的腹部呼吸管來呼吸空氣，並搖動沉在水中的口器，利用水流的波動取食水中的微生物和有機物。如果用手拍一下孳養孑孓的瓶子或水桶，會發現孑孓倏地離開水面往下沉，待在瓶底暫時不動，等到呼吸困難，才搖擺著身體浮到水面。孑孓的這種行為，反應出牠的負趨地性。

平常白天陽光從上面照射，孑孓會往水面亮的地方移動，也就是有正趨光性，但受到刺激時，似乎會避開光源逃跑。以較專業的術語來說，孑孓受到驚嚇時，會出現正趨地性和負趨光性。

然而，光線從下面來且受到刺激時，孑孓會有怎麼樣的反應呢？把裝有孑孓的水缸放在木架上，木架下放個檯燈，並開燈，等到孑孓穩定地倒立在水面下後，拍一下水缸，孑孓受到驚嚇想往下跑，但不管怎麼猛烈搖擺，身體卻無法下沉，因為此時正趨地性與負趨光性互相干擾，破壞了孑孓的正常行為。檯燈關掉後，孑孓才會順利地往缸底下降。如果從不同高度的側面照光，並改變光線的強度及顏色，牠們會如何反應？這個觀察試驗不需要昂貴的儀器，有興趣的讀者不妨自己做做看。

孑孓是人們致力防治的害蟲，因為牠會羽化變成蚊子，會吸人或動物的血，甚至媒介疾病。但在泰國曼谷的週末市場，竟然有好幾個專賣孑孓的攤位，攤販在每個水盤中放一些大小相仿的孑孓，作為熱帶魚飼料，生意相當好。據說熱帶魚喜歡吃孑孓，甚於粒狀的人工飼料，而且以孑孓飼養的熱帶魚長得比較好且活潑，尤其飼養俗稱泰國鬥魚的五彩搏魚（*Betta splendens*）時，一定要以孑孓為飼料，魚的鬥志才高，勝算才大。我想總會有賣剩的孑孓，不知攤販如何處置牠們，是否放回附近的河流、水池，讓牠們羽化變成蚊子來吸人血？這是令人擔心的事。

【聚蚊成雷】

一隻蚊子的聲音雖然小，但許多隻蚊子聚集起來，鳴聲可以大如雷。比喻積讒致惑。事情雖然微不足道，但積少成多，影響可以非常深遠。

【相似詞】積羽沉舟、群輕折軸、聚沙成塔。

這則成語出自《漢書．卷五十三．景十三王傳．中山靖王劉勝傳》：「夫眾喣漂山，聚蚊成雷。」無疑地，這是古人觀察蚊子後，所衍生的誇張形容。

搖蚊或家蚊雄蟲為了尋偶交尾，有形成如龍捲風般蚊柱的習性。由於鳥類是牠們最可怕的害敵，在鳥類歸巢休息不久的傍晚時分，上萬隻甚至上千萬隻雄蚊會飛聚在一起，形成數公尺高的柱狀體，引誘雌蚊前來交尾，此時的牠們，一秒鐘可搏翅約五百次，並發出一千Hz的高周率音波；跟蝴蝶類一秒鐘搏翅八～十次，蝗蟲十八～二十次，蜻蜓二十～三十次，蜜蜂、蒼蠅約二百次相比，次數頻繁得驚人。昆蟲界似乎有身體愈小的，搏翅數愈多的趨勢。在鳥類中，以小型且搏翅數多聞名的是蜂鳥，牠一秒鐘搏翅三十～五十次，是蚊子的十分之一。

其實上萬隻搖蚊、家蚊的雄蚊聚在一起，邊飛邊發出的聲音，對我們人類的耳朵而言，仍是幾乎聽不到的音波，但對雌蚊而言，卻是如雷貫耳，有唱情歌的效果，雌蚊因而在飄飄然間被雄蚊引誘。然而，雄蚊成群聲誘雌蚊的協力工作也就到此為止，當雌蚊飛過雄蚊的尋偶集團，雄蚊們立刻展開激烈的搶雌競爭，因為在萬隻雄蚊中，能夠和飛來的雌蚊交尾的只有一隻，然而雄蚊的壽命只有一星期左右，加上形成蚊柱的時段僅是傍晚裡的一個小時，雄蚊不得不卯足勁爭勝。至於單獨搏翅的雄蚊，尋偶聲音小，很難得到雌蚊的青睞，況且雌蚊無意和這類獨行俠型的雄蚊交尾，而留下含有孤僻性質基因的後代。搖蚊、家蚊雄蟲之苦命，可見一斑。

由於雌蚊難以抗拒雄蚊搏翅聲音的魅力，雄蚊們對形成蚊柱一起尋偶的意願就更加強烈，所以從傍晚開始，一個小小的蚊柱，漸漸變成愈來愈大的蚊蛀，不過這種巨型蚊柱，只經過約一個小時就忽然瓦解了。專家們利用雌、雄蚊的這種習性，開發出能發出雄蚊搏翅聲音的音響捕蚊器，在捕蚊器內放一張黏著紙，就能黏住被引誘的雌、雄蚊。

在利用音響捕蚊器的試驗中，經過約二十分鐘，平均誘捕到約一千五百隻的蚊子，最多時，能誘捕六千隻以上的三斑家蚊。由於多數雄蚊被誘捕，雌蚊的交尾率明顯降低。可惜雄蚊發出的搏翅聲音，只能引誘同種的雌蚊，對別種家蚊的雌、雄蟲毫無引誘效果。從這個角度來看，為了有效防治家蚊，仍必須開發出合乎各種雄性家蚊搏翅聲音的發音裝置，並配合當地活動的家蚊種類使用，才能奏效；不過台灣已知的家蚊大約有四十種，要靠音響捕蚊器徹底防治家蚊，仍是相當大的工程。

其實讓我們聽起來宛如雷聲的，可能是雄蟬的叫聲。在不同的季節，雄蟬的鳴聲給人不同的感覺和情緒，例如盛夏時猛叫的台灣熊蟬（*Cryptotympana holsti*），就讓人有震耳欲聾的感覺。十七年或十三年才羽化一次的北美週期蟬（periodical cicada），群聚性更高，聚集羽化的區域常不到一平方公里，當牠們羽化鳴叫時，在一平方公尺中就有四十隻雄蟬，大約六個榻榻米的小房間中有四百隻蟬大聲鳴叫，那宏亮的鳴聲才是「聚蟬成雷」。

【蚊虻走牛羊】

蚊蟲、虻蟲能驅使牛羊奔跑。比喻小能制大。

這則成語出自漢代劉向的《說苑．卷十六．談叢》：「蠹蝝仆柱梁，蚊虻走牛羊。」大意是白蟻之類的蛀蟲看來小小的，卻能蛀倒梁木；蚊虻之類的小蟲，也能讓牛羊不舒服地移來移去。

野外有不少昆蟲會刺人、吸血，野生動物或長時間待在戶外的家畜，常成為牠們攻擊的目標。家畜們在吸血性昆蟲的騷擾下，發育將嚴重受到影響。不僅如此，這些昆蟲還是媒介多種疾病的元凶，被列為家畜害蟲，一點也不冤枉。

例如刺蠅（*Stomoxys calcitrans*，牛角蠅）把卵產在新鮮的牛糞上，卵期不到一天，孵化後，幼蟲約十天的時間，完成幼蟲期及蛹期的發育。成蟲有吸血的食性，牛、馬、羊、狗等家畜，都是牠的吸血對象，牠尤其喜愛停在黑毛的軀體上吸血。雖然一隻雌蟲一次的吸血量不到十毫克，但牠們常大量發生肆虐，不僅影響家畜發育，由於也會吸人血，令牧場工作人員不勝其擾。

馬蠅（*Gasterophilus* spp.）是另一種型式的家畜害蟲，牠只寄生在馬身上。野外活動的馬蠅成蟲，到了產卵期便飛到馬的身邊，以敏捷的動作將卵產在馬的體毛上，一隻雌蟲的產卵數多達數百粒。可憐的馬不堪馬蠅的騷擾，情緒會變得暴躁不安。在馬的體毛上孵化的幼蟲，會趁馬舔食皮膚時，溜進口腔，經過胃，到達小腸，由腸壁插入刺狀口器以吸收營養。由於馬蠅的幼蟲期往往超過半年，因此被寄生的馬會陷入慢性的營養不良。

牛蠅（*Hypoderma* spp.）也是令人頭痛的家畜害蟲。成蟲在溫暖的季節進入繁殖期後，便在牛的四肢、腹面體毛上各產一粒卵。孵化的幼蟲刺穿牛皮，侵入牛體，在此度過長達九～十個月的幼蟲期，在此期間，慢慢穿過脊椎周圍的脂肪組織，或背部中央線兩側的皮膚，最後爬出牛體，潛進土裡化蛹。受到牛蠅寄生的成牛，不僅營養不良，而且牛乳品質降低、牛乳產量銳減；若是幼牛，則面臨發育遲緩的問題。此外，由於牛蠅幼蟲會蛀食牛體內的組織，並從體表蛀口離開，嚴重損害牛肉及牛皮的商品價值。雖然牛蠅成蟲的口器已退化，不具吸血性，但牛蠅搏翅飛翔時所發出的嗡嗡聲，往往使牛陷入驚恐，為了躲避牛蠅而狂奔，甚至受傷。

以上列舉的是蚊虻對家畜的騷擾及影響，在野外，蚊虻對野生動物的攻擊更嚴重。在動物生態影片中，常可以看到一群赤鹿停留在山稜的悠閒畫面，其實赤鹿是被蚊、蚋、虻逼上山稜的。因為那裡風較大，容易罩霧，不利於這些昆蟲飛翔。鹿中的巨無霸——麋鹿，喜歡棲息在沼澤附近，除了因為該處有牠最愛吃的嫩草，也因為泡在水裡能夠暫時避開蚊、蚋、虻、刺蠅等吸血性昆蟲的攻擊。

不過，麋鹿蠅（*Chrysops* spp.）就沒那麼好對付了，該蠅是從麋鹿的鼻腔侵入，進到喉嚨裡產卵。在水中的麋鹿為了趕走麋鹿蠅，常常不斷地用力呼氣或咳嗽，但效果有限，仍遭頑抗寄生，孵化的幼蟲長期留在麋鹿的呼吸器官中。成熟的幼蟲體長達四公分，容易造成麋鹿呼吸困難，甚至使幼鹿死亡。

其實在衛生環境較差的過去，「蚊虻走人」也是令人熟悉的場景，例如在南美建立印加帝國的原住民和台灣的原住民，都曾為了避免蚊虻騷擾，而遷到高山地區定居，不過這些都比「蚊虻走牛羊」的情節輕微許多。隨著物質文明的進步，我們的居家環境獲得了極大的改善，那些騷擾我們、令我們鎮日不安的蚊、蠅等昆蟲，都被我們以紗窗、空調之類的設備阻隔在屋外，偶爾才溜進來發點小威。要體會「蚊虻走人」的滋味，就只有在野外了。

【力士捉蠅】

比喻做事要謹慎小心，即使小事也不可輕忽。

這則成語來自《阿含經》的「猶如力士捉蠅，太急，蠅即便死，太緩，蠅便飛去。」勉勵人做事要拿捏得恰到好處。

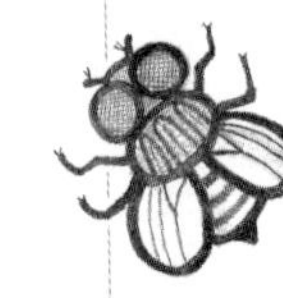

我們常用鼠算來形容增加迅速的現象，一對老鼠一年後留下的後代高達數萬隻，數量雖然驚人，但遠不如蒼蠅之多。有人估算過，一個夏季一對蒼蠅可以留下191×10^{18}隻後代，好比以一百五十公尺的厚度蓋住整個地球。但實際上我們從未看過這麼多隻蒼蠅，因為在自然條件下，食物、生活空間不足，加上病害及天敵的捕食、寄生，極大部分的後代都在交尾、產卵之前就宣告死亡。

的確，以蒼蠅為食物或寄主的蒼蠅剋星不少，蠅虎（Salticidae）便是其中之一。從蠅虎的名字就看得出來，牠是不折不扣的捉蠅高手。不過蠅虎不是一種特定的蜘蛛，而是一群蜘蛛，約佔整個蜘蛛界的十分之一，種類多達四千種。牠們體長大多不到十五公釐，但形狀、體色五花八門，有不少極為美麗的種類，所以有人稱牠們是「蜘蛛中的鑽石」。蠅虎多棲身在日曬的樹葉、石牆上等候獵物，甚至家裡玻璃窗上也可以看到牠的蹤影。

從外觀來看，蠅虎的腳較短，有一對大眼睛。大多數的蠅虎具有排成三列的八隻眼睛，以最前排內側的兩隻眼睛最大。蠅虎雖然不羅織蛛網，卻是跳躍高手，能跳出自己體長四十倍的距離，因此有jumping spider（跳蛛）的英文名字。蠅虎多以最後面的第四腳起跳，為了安全起見，跳躍前牠會先吐絲固定在起跳點，跳躍時牠讓第四腳充滿體液，使它伸長並把身體推向前面。

雖然蠅虎的主要視覺器官是那一對大眼睛，但其他六隻眼睛也並沒有閒置，能辨別周圍三百六十度視野內的動靜，一發現獵物，就立刻轉身，以大眼睛對準獵物起跳。蠅虎的大眼睛功能奇佳，不僅看得遠，且善於識別顏色，在蜘蛛中是最好的。

敏銳的視覺配上敏捷的身手，使蠅虎在獵食時佔盡優勢。例如，牠能正確地瞄準離牠三十公分遠的獵物，一邊吐出蛛絲，一邊慢慢地接近對方；到了離獵物大約二．三公分時，牠會忽然拋出身體般地向前跳上，用前腳捉住獵物。由於跳功也不錯，有時還能捉住低空飛翔的獵物，很有安全概念的牠，往上跳時還會拉著蛛絲，所以萬一失手也還能回到原來的位置。

蠅虎的捕獵方法雖然以跳躍為主，但牠們還具備一些特殊的狩獵技能，例如拉網蠅虎類，牠先羅織一個簡陋的蛛網在別種蜘蛛的蛛網旁，讓部分蛛網接觸到別種蜘蛛的蛛網，然後輕拉一下自己的蛛絲，另一蜘蛛會以為獵物上門，急忙爬出來一探究竟，結果就不幸成為拉網蠅虎的獵物。類似這種誘殺別種蜘蛛的狩獵方法，也見於又名擬態蛛的海賊蛛（*Mimetus* sp.）。

跳躍捕獵也好，拉網誘騙也好，這些都是蠅虎果腹求生的本事。「力士捉蠅」得謹慎小心，拿捏好分寸，才不會有所閃失；蠅虎雖然也得戰戰兢兢的捕食，但拜身體構造之賜，牠們捉起蠅來，可比力士輕鬆多了。

【飛蠅垂珠】

眼前彷彿有一群蒼蠅在飛動，有一串珠子垂掛著。比喻眼睛昏花。

這則成語出自《舊唐書．卷一六六．白居易傳》：「既壯而膚革不豐盈，未老而齒髮早衰白，瞀然如飛蠅垂珠在眸子中者，動以萬數，蓋以苦學力文之所致。」其中「飛蠅垂珠在眸子中」雖是文學性的描述，但從醫學的角度來看，疑似是飛蚊症。

哺乳類動物對視覺倚賴的程度因種類而異。在哺乳類中，包括人類在內，以兩隻腳站立的動物，集中感覺器官的頭部離地面較遠，以視覺、聽覺較發達，嗅覺則較退化，因此，視力的減退對人類而言，茲事體大。但貓、狗等頭部比較接近地面的哺乳類動物，由於要靠留在地面的氣味找尋食物，搜尋同伴、偵探害敵的行蹤等，嗅覺特別敏銳，而對視覺的依賴度較低，視力普遍不佳。

至於不少在暗處或夜間生活的動物，視力已經退化，而改以其他感覺器官來維持正常生活。例如蝙蝠在飛行時發出超音波，以聽覺器接受其回音來定位；生活在南美洲森林裡潮濕土壤下二十~五十公分處的無腳蠑螈（*Siphonops annulatus*），眼睛雖已退化，但眼睛與鼻孔間有具伸縮性的小觸角，可用來尋找蚯蚓及土中的昆蟲作為食物；一些生活在洞穴的昆蟲，或洞穴地下水內的蠑螈、山椒魚等兩棲類動物，視力也如「飛蠅垂珠」般地退化。此外，不少生活在地表下的盲蛇類，眼睛不僅小，構造也很簡單，在大型的頭部鱗片下只呈現一個小黑點，這種眼睛不能辨別光線的明暗，也不能辨別眼前東西的形狀及顏色。

完全適應地下生活的鼴鼠，也是屬於弱視一族，由於常年在地下隧道活動，眼睛派不上用場，早已被埋在皮膚裡面，但牠自有一套求生本領。牠用挖土機般的前腳，挖掘長達一百公尺的隧道，並以靈敏的嗅覺及垂直體毛上的觸覺找出蚯蚓、土棲性昆蟲、蛞蝓等的下落，再加以捕食。

當然，許多時候百「聞」不如一見。以在夜間活動、尋偶交尾的多種蛾類為例，雌蛾會先分泌一種性費洛蒙來引誘雄蛾，雄蛾被引誘到雌蛾身旁後，仍會以眼睛尋找雌蛾，並以觸角觸摸雌蛾的身體，看看牠是否和自己同種，等到確認無誤後才交尾。因此，在利用誘引器引誘雄蛾時，若只用性費洛蒙，只能把雄蛾引到誘引器附近，若是在誘引器內放置該種雌蛾的紙製模型，可以將雄蛾引誘到更近的地方；若是改用雌蛾的標本，或在紙製模型上黏貼雌蛾的翅膀，還可以看到雄蛾試圖與雌蛾交尾的行為。如此看來，對牠們來說，眼睛還是頗為重要的感覺器官。

更絕的應是蒼蠅的眼睛。蒼蠅頭上的一對大複眼是由上千個六角形小眼所組成，雖然這對複眼的視力（空間識別能力）只有人眼的三十分之一至二十分之一，但對物體移動情形的識別能力，比人眼高十倍。因此，蒼蠅可以看到一秒鐘閃爍一百次的日光燈的明滅情形，當我們用手掌或蒼蠅拍去拍打牠時，再快的動作也易被牠一眼看穿，因為在牠的複眼裡，那可是慢動作。

【臭肉來蠅】

腐壞的肉容易招引蠅蟲。比喻利益所在，大家爭相趨附。又作「如蠅逐臭」。

【相似詞】如蟻附羶、群蟻附羶。

這則成語出自《五燈會元》：「僧問慧然，如何是祖師西來意，曰：臭肉來蠅。」今天我們常從道德的角度來引用它，批判一些為利所趨的逢迎現象，其實純粹從生物學或昆蟲學的立場來看，這是再自然不過的現象。

當一塊腐肉或是蒼蠅喜歡的東西放在那裡，蒼蠅馬上會飛過來，反應之快，令人驚訝。你可以把一個裝了加糖牛奶的小碟子放在屋外，看看多久後會有第一隻蒼蠅飛來舔食？什麼時候會飛來第二隻、第三隻？原來蒼蠅在觸角、腳端（跗節末端）與口器的下唇部都有嗅覺器。

用顯微鏡觀察蒼蠅的觸角，從觸角基部算起，第三節有毛，那些毛是連接於感覺細胞的毛狀感覺器。再看看牠的腳端，在跗節末端部位有一對葉片狀的構造叫做褥盤，它們的前端各具一隻爪，褥盤也有很多細毛，毛長〇・〇三～〇・三公釐，這是司管嗅覺與味覺的毛狀感覺器。而口器的下唇部也一樣，可以發現許多細毛狀的感覺器。由於蒼蠅腳端是如此重要的部位，因而我們常看到蒼蠅不時摩擦前腳，以保持感覺器清潔的動作。

其實嗅覺與味覺都是接收由化學物質所引起的刺激，不同的是，引起嗅覺刺激的是揮發性較高、氣味較濃的化學物質，但引起味覺刺激的化學物質揮發性不見得高。無論如何，蒼蠅的食物裡含有刺激牠嗅覺與味覺的化學成分，因此蒼蠅先以觸角探察食物的位置，然後慢慢接近它，停在它上面，以褥盤的毛狀感覺器確認它的氣味與味道，最後才伸出口吻舔食。

從試驗結果得知，褥盤上的味覺器對甜味很敏感，以對蔗糖和麥芽糖的反應最強，然後依序是果糖、葡萄糖、乳糖，這個順序與我們人感受甜味的順序完全相同，尤其褥盤上的毛狀感覺器，對蔗糖的敏感度為下唇部的十倍，怪不得蒼蠅會在加了糖的牛奶旁賴著不走。

但蒼蠅對糖精的反應跟我們不同，蒼蠅對甜味的反應比我們敏感許多，適合我們口味的糖精濃度，對牠們而言卻太濃了，牠們不把它當成甜味，而認為是苦味或酸味，因而忌避加了糖精的牛奶。

蒼蠅對氣味的敏感，也就是嗅覺上的敏銳度，不但充分發揮在取食行為，也應用在產卵行為上。大家或許在野外看過生蛆（蠅類幼蟲）的動物屍體，在蛆和其他屍食性昆蟲及微生物的共同侵食下，屍體很快地被分解，還原於土壤。在自然生態系，物質需要如此循環，所以，看來很噁心的蛆，其實是自然界重要的清道夫。

自然界裡屬於清道夫的昆蟲種類不少，最早飛到屍體上產卵的，以蒼蠅、黑蠅為主，雖然牠們飛到屍體上的行動，因當地條件而不同，但通常在屍體出現數個小時內，牠們就聞到屍味而飛來產卵。隨後而來的蠅類通常是肉蠅、麗蠅，此時我們才聞到屍臭。

在這個階段，一些黑蠅、蒼蠅的卵，卻已孵化生蛆，誘來多種屍食性或蛆食性的隱翅蟲、埋葬蟲等甲蟲及螞蟻。從第一批在屍體產卵的黑蠅幼蟲發育情形，並考慮陳屍地點的氣候、地理條件、屍體本身有否受傷或裸露等等因素，可以推算該屍體的死亡時間，提供偵辦殺人刑事案件或釐清意外事件等重要的線索。

將屍食性昆蟲發育情形應用在法醫學的學科，就是法醫昆蟲學。法醫昆蟲學看似新發展的學門，其實歷史已相當悠久，早在一二四七年，南宋的宋慈即在《洗冤集錄》一書中，描述了利用黑蠅偵破殺人案件的經過。在歐洲，至一六六七年才注意到蠅類產卵、生蛆與屍體腐爛時間的關係。由此可知，中國文化曾比西歐文化先進不少。

「臭肉來蠅」這則含意不太好的成語，在法醫昆蟲學領域可是極其重要的現象，小蠅立大功，多少懸案曾因牠們提供線索而水落石出呢！

【蛇口蜂針】

蛇口的毒牙，蜂尾的毒針。比喻極危險、惡毒。

毒蛇的利牙的確可怕，被牠咬一口，若不能及時做適當處理，後果不堪設想。那蜂呢？完全視情形而定。雖然報紙上偶有胡蜂（虎頭蜂）叮死人的報導，其實大多數蜂類所注入的蜂毒，對我們來說不具毒性。

至今已知的蜂類多達二十萬種，其中原始型的蜂是不呈「蜂腰」的廣腰類，牠們的產卵管不太發達，只能插在葉片上產卵。後來出現的樹蜂，產卵管較發達，可以插在樹幹中產卵，讓孵化的幼蟲能在較安全的環境中發育。但樹幹的營養價值不高，於是一些蜂類改以其他昆蟲的身體為食物，就成了所謂的寄生蜂。不過把卵產在其他昆蟲身體時，必然受到寄主昆蟲體液一些成分的影響，於是一些寄生蜂將本來只具產卵作用的產卵管，改造成兼具注射麻醉劑及控制寄主生理機制成分的功能；換句話說，蜂針已具有毒針的一些特徵，不過對我們幾乎無毒性可言。

雖然寄生蜂幼蟲的民生問題獲得大幅改善，但寄生蜂的生活方式並非毫無缺陷，萬一寄主昆蟲被捕食或因故死亡，裡面的寄生蜂幼蟲也必將同歸於盡，因此寄生蜂也心繫寄主的安危，後來就有狩獵蜂的出現。狩獵蜂用毒針把寄主昆蟲麻醉後，帶到隱蔽安全之處，再在寄主身上產卵以養育後代。這樣的狩獵性，給蜂類帶來了意想不到的好處，本來寄生蜂幼蟲只寄生在一隻寄主身上，體型因而受到寄主身體大小的限制，但狩獵蜂可以把多隻寄主聚集在一起，讓狩獵蜂幼蟲可以取食多隻寄主而長大，因此牠的體型得以逐漸變大。而為了提高狩獵效果，狩獵蜂的產卵管也愈來愈發達，之後一些狩獵蜂為求更進一步的繁殖，便走上分工合作之途。

所謂的分工合作，就是少部分的雌蜂以女王蜂的地位負責產卵，其他多數的蜂負責造巢、狩獵、照顧後代等工作，這些蜂類就是長腳蜂、胡蜂等具有社會性的昆蟲。於是出現了由一隻或多隻女王蜂負責產卵，集合了上萬隻蜂的大蜂群。在大約一億年前的白堊紀，開始出現顯花植物，它們分泌花蜜以引誘昆蟲授粉。由於花粉不但富有營養價值，且是比動物性獵物更易得到的食物，於是花蜂、蜜蜂類開始搜集花粉、花蜜而取食，並視情況將花蜜變成蜂蜜貯藏，供作幼蟲的食物。

但地球上有多種以昆蟲為食的動物，這些蟲食性的動物，發現社會性蜂類的蜂巢裡有大量的幼蟲、充足的蜂蜜，便開始以它為取食的目標。為了抵抗害敵入侵，於是一些蜂類逐步加強麻醉性毒液的毒性，以捍衛自己的家園，我們對毒蜂的印象也就來自於此。當我們過於靠近胡蜂等的蜂巢時，牠們以為是害敵來襲，就會發動猛烈的攻擊，由於牠們的毒針已發達為能夠對付如熊等大型動物，我們不幸被叮到，當然就會慘兮兮。

談到被胡蜂叮到時的反應，依每人的體質、年齡、當時的身體狀況、被叮的部位及數目而有所不同。情況嚴重時，只被叮咬一次就足以斃命。情況輕微時，雖然有疼痛、紅腫等症狀，但經過六、七個小時，症狀也會逐漸消退，接著開始出現痛癢，然後慢慢恢復正常。由於胡蜂毒液是由組織胺、組胺酸、卵磷脂、乙醯膽鹼等組成，並不具有蟻酸等的酸性物質，因此塗上氨水、甚至撒尿液等方式治療並沒有效。被叮咬後，若症狀輕微，不處理也可以自然痊癒；但為了慎重起見，還是就醫較好。

【游蜂浪蝶】

比喻整日遊蕩又不務正業的輕薄子弟。或輕狂花心的男子。又作「遊蜂戲蝶」、「浪蝶狂蜂」、「狂蜂浪蝶」。

蜜蜂、蝴蝶之類，在花朵間飛來飛去、悠閒吸蜜的樣子，的確容易給人遊蕩放浪、無所事事的印象，其實牠們可不輕鬆！許多開花植物分泌花蜜引誘蜜蜂、蝴蝶前來取食，趁牠們吸蜜時媒介花粉。在這種各取所需、互相利用的關係下，一朵花所分泌的花蜜量不可能很多，若是一朵花的花蜜量已夠一隻蝴蝶或蜜蜂吸飽，牠就不必飛到另一朵花上，這樣附在牠身上的花粉便無法送到另一朵花的雌蕊上，花朵反而失去引誘蝴蝶的目的。因此，一朵花的花蜜無法完全滿足蝴蝶、蜜蜂的食欲，為了填飽肚子，牠們只好在花朵之間東奔西走。

進入成蟲期的蝴蝶，壽命並不長，即使壽命較長的烏鴉鳳蝶（*Papilio bianor*）、黑鳳蝶（*Papilio protenor*），平均也只能活十六、十七天，這段時間雄蝶要尋偶、交尾，雌蝶還要產卵，可說忙得不可開交。蝴蝶算是多產的昆蟲，我們最常見的甘藍紋白蝶（*Pieris rapae*）平均產卵數約五百粒，鳳蝶類較少，但也有三百粒之多，這樣的產卵工作相當吃重，但蝴蝶卻不厭其煩地將卵一粒一粒地產在不同的葉片上，不像有些昆蟲把數百粒卵集中產在一處，形成卵塊。蝴蝶在產卵期間仍飛翔覓食，一點點一點點地吸食花蜜，以補充所需的體力。由此可知，蝴蝶的生活看來浪漫，其實忙碌不堪。

蝴蝶會給人「浪蝶」的印象，或許在於翅膀的形狀、花紋和飛翔的姿態。蝴蝶的翅膀、形狀因種類而異，看似「浪蝶」的蝶種，大致都有大型、薄板狀的翅膀，這種形狀的翅膀，不同於蜻蜓的翅翼，不能作快速衝刺的飛行，只適合輕拍，翩翩地飛翔，當然容易給人浪遊的感覺。在英文裡蝴蝶butterfly，就用來比喻輕浮多變的人，尤其是愛打扮的輕浮女子。在描述人坐立難安時，用的是蝴蝶在胃裡輕快飛舞的形容：have butterflies in one's stomach。

其實這種飛翔方式，對蝴蝶而言是必須的，也是大有好處的。一般而言，雄蝶比雌蝶早一、兩天羽化，雄蝶會四處尋找剛羽化的雌蝶來交尾。由於蝴蝶化蛹、羽化的場所大多在葉片腹面或被其他葉片覆蓋的隱蔽處，因此雄蝶必須上上下下、往左往右地飛來飛去，才能找到在葉片下或葉片間羽化的雌蝶。再者，蝴蝶的活動期多半在白天，而這也是牠的天敵鳥類覓食的時段，以上下不定的飛翔方式活動，能使鳥類較難鎖定牠、掌握牠的行蹤。

至於蜜蜂的情形，比起蝴蝶有過之而無不及。採花蜜、花粉的工蜂不僅得解決自己的民生問題，還必須把花蜜、花粉帶回蜂巢，再從自己的胃裡吐出花蜜來，當做幼蟲及女王蜂的食物。不僅如此，牠們也帶回大量的花蜜製作蜂蜜。工蜂這種一朵花接著另一朵花吸蜜的行為，讓蜜蜂成為最有效率的授粉昆蟲之一。所以我們所謂的「游蜂」現象，其實是工蜂們賣力執行任務的行為表現。

英文裡有beeline一詞，指的是兩地之間最短的距離，有「抄捷徑」、「筆直地移動」等用法，這當然來自工蜂搜集足量的花蜜、花粉後，以直線距離快速飛回蜂巢卸貨的行為，實在是對蜜蜂的生態做了正確的形容。另一則英文成語busy as a bee，也充分反映了蜜蜂勤奮工作的本性。中、西方對蜂產生的不同感覺，令人莞爾，也值得玩味。

【蜂湧而出】

蜂自蜂巢傾洩出來，形容在很短時間許多人同時出來。又作「一窩蜂」。

這則成語如實反映了：蜂類遇到害敵接近蜂巢時，一隻又一隻傾巢而出的熱鬧場景。經營社會性生活的蜂類，以大軍之勢對抗害敵，是想當然耳的策略。

我們到野外郊遊，一進到竹林裡，往往馬上就受到一群蚊子的攻擊吸血，打開餐盒，常有數隻小蠅聞香而來，讓人驚訝牠們的嗅覺為何如此靈敏。的確如此，不少昆蟲的嗅覺非常發達，牠們不僅以嗅覺尋找食物、產卵場所，還分泌有氣味的費洛蒙，也就是一種體臭，以它來聯繫彼此、傳遞訊息。其實「蜂湧而出」的現象，也和費洛蒙有著密切的關係。

來看一下有凶暴惡名的胡蜂。胡蜂的種類相當多，台灣已記錄十多種。雖然胡蜂的警戒性及攻擊性，依種類、蜂群發育過程而有所不同，但一般來說，牠們都以自己蜂巢周圍數公尺至十公尺的地區為警戒範圍，並派遣偵察蜂隨時飛巡。不小心蹈入牠們的警戒範圍，偵察蜂就會立刻飛到我們身旁，以搏翅的聲音警告或威嚇；較大型的胡蜂還會從大顎發出卡嚇卡嚇的聲音。此時我們若識相地退後，不再接近蜂巢，慢慢離開警戒範圍，就不會發生接下來的情況。

如果我們沒注意到胡蜂的警告，或者不理會牠而繼續前進，偵察蜂就會從腹端的毒針噴出警戒性費洛蒙。在蜂巢外面守護的幾隻胡蜂，一接到費洛蒙訊息，便立刻起飛，趕到現場助陣，同時也分泌相同的費洛蒙，把緊急情況的訊息傳給巢內的同伴。一時之間，幾十隻、甚至上百隻的胡蜂從蜂巢出動，形成「蜂湧而出」的熱鬧場面。

胡蜂群一邊攻擊入侵者，一邊分泌警戒費洛蒙，若入侵者仍然留在原地，攻擊蜂的隻數就會愈來愈多。胡蜂的攻擊性一旦發動，就很難平息，牠們常追趕入侵者幾十公尺之遠。尤其熱帶地區的胡蜂，攻擊性更為猛烈，追趕攻擊的距離常超過一百公尺。在熱帶地區，胡蜂的天敵，如蜜獾、熊等，比溫帶地區多，胡蜂的警戒性自然也就跟著提高。

原產於亞洲溫帶至熱帶地區的大胡蜂（*Vespa mandarinia*）是野生蜜蜂、東洋蜂的勁敵之一，牠體長四公分，是東洋蜂的三、四倍，可說是胡蜂中的巨無霸。由於東洋蜂的蜂巢中有不少幼蟲及蛹，可作大胡蜂幼蟲的食物，很自然地大胡蜂就以東洋蜂的蜂巢為攻擊對象。但東洋蜂也不是等閒之輩，在與大胡蜂的長期對抗中，發展出有效的應變方法。

當一、兩隻大胡蜂的前鋒隊員飛到蜂巢入口時，東洋蜂會先分泌帶有香蕉氣味的警戒費洛蒙。沒多久，一群東洋蜂便一窩蜂地從巢中出動，其中一隻跳上大胡蜂的頭胸部，在牠體表最薄弱的地方，先給牠狠狠的一針，然後其他的東洋蜂一擁而上，將大胡蜂包圍起來，形成直徑五公分的大蜂球，牠們不斷地搏翅、晃動身體，過一會兒解開蜂球時，原本兇悍的大胡蜂已變成一具屍體。

原來東洋蜂的搏翅動作，讓蜂球裡的溫度升高到攝氏四十六、七度，超過大胡蜂能承受的高溫攝氏四十四．五度，而東洋蜂自己卻能忍受比大胡蜂高三度的高溫。如此優越的耐熱性，讓東洋蜂能將「蜂湧而出」的本能，發展成高明的蜂球戰術。

【蚍蜉撼樹】

螞蟻想用自己的力量去搖動大樹。比喻不自量力。又作「蚍蜉撼木」、「蚍蜉撼大樹」。

【相似詞】螳臂當車、以卵擊石。

這則成語出自唐代韓愈的〈調張籍〉詩中的一句：「蚍蜉撼大樹，可笑不自量。」原是韓愈盛讚大詩人李白、杜甫時用的比喻，他認為那些企圖詆毀李、杜兩人的人，就像螞蟻想要去搖動大樹那樣地可笑、無知。

蚍蜉是較大型的螞蟻，這裡指的是哪種螞蟻，無從考證。但螞蟻再怎麼大，也不過區區幾公分，怎麼可能使樹木動搖呢？

不過，分布在中南美洲的切葉蟻（*Atta* spp.），倒是有類似撼樹的行為。切葉蟻的蟻群常由上百萬隻工蟻所組成，牠們在地下築造巨大的巢穴。工蟻們常爬到樹上，以尖銳的大顎把樹葉剪成三角形，再搬回蟻巢，讓它醱酵，用來栽培一種菇類當作食物；蟻群一年搬回的葉片重達三、四百公斤。樹一旦被牠們鎖定，沒多久葉子就被剪光。由於牠用大顎搬葉片的模樣有點像人在撐傘，因此有parasol ant（陽傘蟻）的英文名字。

除了切葉蟻外，還有足以撼樹的蝴蝶。最有名的是每年固定拜訪美國加州蒙特利太平洋叢林市（Pacific Groove）的蝴蝶。該市位於舊金山南方二百二十公里處，每年十月總有一大群蝴蝶從北方遷移數千公里來此越冬，隻數都在上億隻，牠們棲息在郊外的松林裡。由於一根樹枝上蝴蝶往往就有上千隻，這難以承受之重讓樹枝下垂。當天氣放晴，蝴蝶們會飛到附近草原吸蜜，相繼起飛的那一刻，就產生了撼樹的效果。

撼樹的代表性蝶種是斑蝶科的大樺斑蝶（*Danaus plexippus*），又名帝王蝶（Monarch butterfly）。根據一次調查，從當先鋒的第一隻出發至最後一隻離開，隊伍總共綿延三公里，耗費三個小時遷移，場面之壯觀，可和飛蝗的遷移相媲美。這些大樺斑蝶估計達三億隻之多。春天氣溫回暖時，牠們又成群離開，往北遷移，並在途中產卵。孵化幼蟲變為成蟲後，也往北遷移，如此最遠遷移到加拿大南部；秋天氣候變冷，牠們就向南方飛，再次回到越冬之地。該市自一九三八年起，將十月的最後一個星期六定為蝴蝶日，舉行各種活動，慶祝這批嬌客遷入。當地禁止發出大噪音，並且嚴禁捕蝶的行為，在居民的全力支持下，蝴蝶不僅成為該市重要的觀光資源，也為該市贏得「蝴蝶市」的美名。

【群蟻附羶】

像螞蟻附著在有羊臊味的東西上。比喻眾人追逐私利或趨炎附勢的行徑。又作「如蟻附羶」、「如蠅附羶」。

這則成語的典故見於《莊子．徐无鬼》：「羊肉不慕蟻，蟻慕羊肉。羊肉，羶也。」《幼學瓊林．卷四．鳥獸類》則直接賦以它道德教訓：「鄙眾趨利，曰群蟻附羶。」

數年前我曾觀賞日籍已故導演黑澤明拍製的影片《八月狂詩曲》，在這部影片最後，一群螞蟻排成一列爬上開著一朵深紅色玫瑰花的植株上，這一幕讓人產生一種感動。當然，群蟻附羶的場面相對地沒有那麼詩情畫意，甚至令人感到噁心，但站在研究昆蟲的人的立場，對於工作人員如何操控螞蟻的行為，拍攝出最後這個鏡頭，我相當好奇。後來有機會聽到參與拍攝的昆蟲專家談論從預備到完成攝影的整個過程，才了解是怎麼一回事。

螞蟻能成列行進，是因為牠們邊走邊從腹端分泌路標費洛蒙在路線上，如此一來，跟在後面的螞蟻聞到費洛蒙的氣味，就會照著走，並且也貼心地在地上點些路標費洛蒙，讓後面的同伴可以跟著前進。在上萬種的螞蟻中，身體黑色、體型較大的黑灰山蟻（*Lasius fuliginosus*）被認為攝影效果較佳，適合充當臨時演員，但拍攝前，仍需要經過一連串的預備試驗。

首先利用黑灰山蟻腹部的乙醚抽出液在白紙上劃一條線，再釋放一些黑灰山蟻，結果牠們馬上沿著那條線排隊前進；但是在野外的地面上用該抽出液劃一條線時，由於大部分的抽出液容易被土壤所吸附，黑灰山蟻列隊的情形就不夠理想，必須以噴霧鐵氟龍蓋蔽地面，以阻止土壤的吸附作用，牠們才能成隊行進。不過這種方法並不能讓黑灰山蟻走遠，反而讓牠們的行進比平常匆忙且不穩定，黑灰山蟻們走了大約二公尺，就分道揚鑣，各走各的路。

原來螞蟻分泌的費洛蒙不只一種，除了成隊行軍用的路標費洛蒙外，還有遇到緊急情況時，告知同伴的警戒費洛蒙。由於乙醚抽出物中含有這兩種費洛蒙，使得螞蟻出現不正常的行為。因此，要拍攝出螞蟻行軍的畫面，必須萃取路標費洛蒙，以便順利地引誘螞蟻列隊走過預先設計的地面，到達玫瑰植株下。當然玫瑰的莖部也塗上了路標費洛蒙，好讓達到莖部的螞蟻能夠攀登到約十公分的高度，但後來螞蟻又忽然回頭往下走。

經過檢討才得知，生長中的植物，綠色莖部枝條對附在表面的油溶性物質有吸附作用。較詳細地說，莖高約十公分的部位較老，呈褐色且木質化，塗在這個部位的費洛蒙不會被吸收，能將螞蟻引到這裡來；但綠色部位的費洛蒙因為被吸收，使螞蟻失去參考用的路標而分散。最後想到的改善方法就是，在玫瑰植株的綠色部位放一片塗上費洛蒙的竹片，讓螞蟻走上竹片，如此順利地把牠們引到玫瑰花上，辛苦的拍攝工作至此才大功告成。

不過，在野外，我們常常可以看到螞蟻在植物的綠色部位活潑地走動，尤其該植株受到蚜蟲、介殼蟲為害時，螞蟻走動更趨頻繁，螞蟻一方面把蚜蟲當做自己的「乳牛」，將牠們分泌的蜜液帶回蟻巢，一方面為了保護這些「乳牛」而勤快地巡視。原來螞蟻在分泌路標費洛蒙前，會先塗上一種吸附防止劑。在以後的研究中更發現，吸附防止劑含有另一種表示領域的費洛蒙。看來，螞蟻成群聚集的學問可大著呢。

【囊螢照書】

車胤家境貧窮、無力購買燈油，於是他在囊袋中放入螢火蟲，利用螢光來讀書。形容在艱困的環境中勤奮讀書。又作「車胤囊螢」、「囊螢夜讀」。

【相似詞】囊螢積雪、聚螢積雪、照螢映雪、雪案螢燈。

這則成語出自《晉書・卷八十三・車胤傳》：「車胤恭勤不倦，博學多通，家貧不常油，夏月則練囊盛螢數十以照書，以夜繼日焉。」

記憶所及，師長們喜歡用車胤的「囊螢照書」，和匡衡的「鑿壁偷光」以及孫康的「映雪讀書」等故事來勉勵學生用功念書。我自己也曾經被長輩耳提面命了好幾次，但自從研究昆蟲之後，我對囊螢照書的故事開始產生懷疑。

到底要多少隻螢火蟲的光才能看書？根據一篇研究報告，利用發光量較大的日本特產種源氏螢（*Luciola cruciata*）作試驗，各在報紙左、右兩邊，放一個裝了一千隻源氏螢的籠子，利用這兩個籠子的光來閱讀報紙，報紙上的字清晰可見。古書的字不像報紙那麼小，應該不必用上二千隻源氏螢；再者，車胤的故鄉福建有比源氏螢更大型、更亮的台灣窗螢（*Pyrocoelia analis*），據說二十隻台灣窗螢的光，已經勉強可以看書。但車胤是「練囊盛螢」！晉朝距今一千七百年，那個時候沒有玻璃，也沒有透明紙，照理說窮得買不起油的車胤，不可能用薄絲綢裝螢火蟲，用的應是透光性較差的棉布或麻布。試想二十隻台灣窗螢在棉布袋裡所發出的光有多強？能夠利用來看書嗎？

螢火蟲發出的螢光是一閃一閃的，在這樣不穩定的光照下看書，必然吃力。還有，螢火蟲成蟲的壽命頂多半個月，為了看書，得將許多隻螢火蟲塞進小囊裡，死亡率一定很高，因此每天還要出去採集新蟲。雖然車胤好學的精神值得肯定，但這樣看來，「囊螢照書」實在是不怎麼有效率的讀書方法。

雖然現在我們有電燈可用，不必借助螢光，但值得注意的是，螢光是利用範圍甚廣的一種生物資源。螢火蟲的發光現象是螢光素和活體熱能（ＡＴＰ）受到螢光酶作用氧化，以光的形式釋出所產生的能量；活體熱能源愈多，光度就愈強。依照這種原理，專家透過基因轉殖等技術，利用大腸菌大量培養螢光酶，將它與螢光素組合，開發出微生物偵測劑。利用微生物偵測劑，可以證實肉眼看不到的活體微生物的存在，甚至可以依它的發光程度來偵測微生物的發生量。

過去對微生物的偵測都用微生物培養法，需要幾天的時間才能得到結果，而且知道的只是採樣當時的情形，無法察知後來幾天內發生的變化。但使用螢光素——螢光酶檢驗劑，短短的二十秒鐘後，就能得知檢驗劑與受檢樣品反應的情形，且準確度相當高。以酵母菌為例，它可以測知一公升中一個酵母菌的存在。因此，這種測試劑在需要無菌條件的外科手術房、醱酵食品工廠、自來水廠，以及要求高度無菌的太空食品製造、包裝廠，都有很大的利用價值。所謂的「囊螢照書」已成過去式了，它的現代版應是「螢光照菌」。

【紅粉青蛾】

比喻美女。

【相似詞】紅粉佳人、螓首蛾眉。

這則成語出自唐代杜審言的《戲贈趙使君美人詩》：「紅粉青蛾映楚雲，桃花馬上石榴裙。」

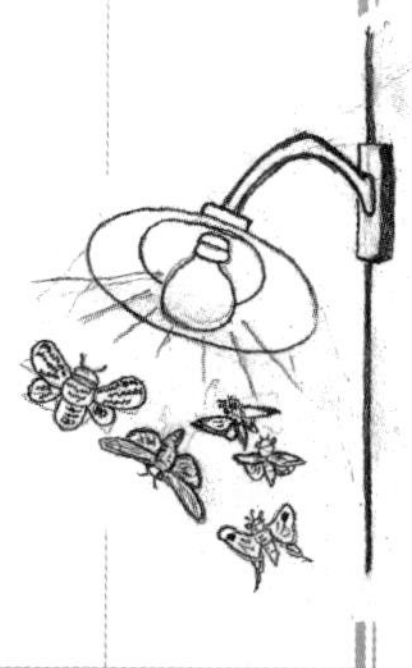

在古人的審美觀裡，纖細的眉毛是構成美女的要件之一，蛾的觸角細長彎曲，恰如美女的眉毛，很自然地就以蛾來形容美女的容貌，類似的用法有「蛾眉」、「蛾裝」、「黛蛾」、「皓齒蛾眉」、「螓首蛾眉」（見167頁）等。

此處的「青蛾」，讓我想起一種名為長尾水青蛾（*Actias selene*）的大型蛾。這種蛾不但大型且身形美麗，也分布於台灣，是夜行性的蛾。牠的特別之處是，前翅長四十五～五十五公釐，後翅（包括尾狀突起）長超過六十公釐，前、後翅各具一個略帶紅色且外圍較濃的眼狀紋。翅膀顏色雖依春或夏季略為不同，但大致呈半透明的黃綠色至淡藍色，水青蛾的名字就是這樣來的。牠的幼蟲取食柳樹、櫻樹、扶桑等植物的葉子，成蟲自四月間開始羽化。看牠輕拍寬大的翅膀，緩緩遠飛的美妙身影，彷彿美女穿著青色的舞衣婆娑起舞，以「紅粉青蛾」來形容牠，最是恰當不過。

在一般人的印象裡，蛾不如蝴蝶來得搶眼，用蝴蝶來形容美女似乎更為理所當然，雖然牠們都是鱗翅目昆蟲。在此先來談談蝴蝶與蛾有什麼不同，兩者在外形上大致可以作如下的區分：一、蝴蝶的外形較華麗，蛾比較樸素；二、蝴蝶在白天活動，蛾屬於夜行性；三、蝴蝶休息時翅膀豎起，蛾則是翅膀平排如屋頂狀；四、蝴蝶的觸角呈棍棒狀，蛾的觸角變化較多，有絲狀、櫛齒狀等；五、蝶的腹部較細，蛾的較粗等等。但這些卻又不是絕對的標準。

只就外形而言，蛇目蝶、樹蔭蝶、挵蝶中，有不少種類具有褐色系的翅膀，有些還配上白色或黑色的斑點，看起來不甚起眼。同樣地，窗蛾、天蠶蛾、夜蛾中的一些種類，翅膀甚至還比某些鳳蝶鮮豔，因而常成為愛好昆蟲標本人士的蒐集對象。以活動時段來說，仍有少數蝶種在黃昏後產卵，而螢蛾、窗蛾、斑蛾、鹿子蛾等則是在白天活動的蛾。至於腹部的粗細，有粗腹的蝶，尤其產卵期的雌蝶，腹部常滿是蝶卵，當然，也有細腹的蛾。

但不可諱言的，蝴蝶中有一些特別華麗的種類。例如分布在巴布亞新幾內亞西部的亞歷山大鳥翼蝶（*Ornithoptera alexandrae*），是世界最大型的蝶種，雌蝶的翅開展達二十八公分，初次被發現時被誤認為鳥，而遭獵槍打下來。雌蝶外形雖不搶眼，只是黑底配上淡褐色的斑點，但雄蝶長得卻相當優雅高貴，鮮綠色及略帶藍綠色的底色，配上黑條紋，是大家公認的美麗蝶種。牠是家財萬貫的蝶類愛好者華德‧羅斯柴爾德（W. Rothschild, 1868-1937），特別獻給英國國王愛德華七世的王妃亞麗山卓的，學名中的*alexandrae*就是取自她的名字。

【飛蛾撲火】

比喻自尋死路，自取滅亡。又作「飛蛾赴火」、「飛蛾赴焰」、「飛蛾赴燭」、「飛蛾投火」、「飛蛾投焰」、「燈蛾撲火」。

這則成語出自《梁書．卷四十．到溉傳》：「如飛蛾之赴火，豈焚身之可吝。」古人將蛾的趨光性，比喻成自我毀滅的行為。

晚上開燈或在路燈旁時，常可以見到一些昆蟲被燈光吸引而來。出現在燈下的昆蟲種類，雖依附近環境（尤其植物的生長情形）而異，但總有蛾類的身影，蛾類不僅是常客，且常是數量最多的。由於許多昆蟲都有趨光性，因此昆蟲專家常在夜間的燈光下進行採集工作，農業昆蟲專家甚至在農田裡設置誘蟲燈，利用昆蟲的趨光性，記錄受誘而來的害蟲種類及隻數，以調查害蟲的發生動態。

昆蟲的趨光性是從什麼時候開始的？人類利用火來取暖，可以追溯到數十萬年前的舊石器時代，昆蟲的趨光性可能比這更早就出現了。許多昆蟲受到光線刺激，都會產生靠近或是逃避的行為，而且從蛾、獨角仙、鍬形蟲等部分昆蟲皆有明顯的趨光性來看，黑暗裡的光，對夜行性昆蟲的生活，應該有正面的意義。

人類還沒利用火光之前的光源有兩種，一是山林、草原的自然火災，人類的祖先便以此時的火為火種，不讓它熄滅。但自然火災並非定期發生，是可遇不可求的現象，說不定好幾年才發生一次，對昆蟲而言，這樣的光源利用價值不高。另一個光源是，在日落或日出前，西方或東方出現的殘光或晨光，昆蟲利用這種光的可能性相當大。以蛾為例，蛾撲光的時段雖然依種類而異，但以日落不久和日出之前，東方天空略帶白色的時段最熱門，撲光的蛾種最多，隻數也最多。由此推測，白天休息的牠們，很可能利用傍晚及黎明時的光線，作為夜間活動的指標。

到底光線對夜行性的蛾有什麼意義或作用？原來許多種蛾類產卵時，將數百粒、甚至上千粒的卵產在一起，形成卵塊，孵化的幼蟲很自然地就成群生活，後來才隨著發育慢慢分散。因此，在野外，常可見到幾十條老熟幼蟲聚在一起取食樹葉，有時我們也可以在一個地方採集到許多蛹。這些幼蟲或蛹，大都來自同一隻母蛾所產的同一個卵塊，羽化後若就地尋偶、交尾，容易發生近親交配的情形。為了避開這種風險，蛾類利用傍晚或黎明時的光，向西方或東方飛翔，遠離羽化場所尋偶。沒想到後來出現的人類，利用燭光、燈火照明，尤其使用不太熱的日光燈及利用紅外線的特殊燈光，這些照明設備擾亂了牠們的繁衍策略。

蛾類對光線非常敏感，牠們能感受一～五燭光的弱光，而展開行動。不僅僅成蟲對光線的敏感度很高，幼蟲也是如此。一些春、夏天發育的蛾類幼蟲，經過一、二個星期的蛹期，就羽化變為成蟲；但在日短夜長的秋天度過幼蟲期的，反而變成休眠蛹，必須經過好幾個月的休眠才羽化。決定以後變成休眠蛹或不休眠蛹的關鍵時段，就在幼蟲期後期日照時間的長短，而且試驗已證明，光是日照時間的差異，就足以決定該隻幼蟲化蛹後的命運。

如此看來，「飛蛾撲火」可不是我們人類所想的自取滅亡的不歸路，而是蛾類存活策略裡，重要的一個步驟。蛾類的向光，原是為了避免近親交配，所以牠們只是朝光源飛近，會與光源保持一段距離，並不會撲火自焚。

【螓首蛾眉】

比喻女子的額頭如螓的頭部，廣而方正；眉毛如蛾的觸角，長而纖細。後用來形容女子貌美。又作「蛾眉螓首」。

這則成語出自《詩經·衛風·碩人》：「螓首蛾眉，巧笑倩兮，美目盼兮。」

為何以螓首與蛾眉來形容女子的美貌？關於螓有兩種說法，一是指身體較扁的一群蟬，尤其蟪蛄（*Platypleura* spp.），另一是指比蟬更小型的同翅類昆蟲。不管指的是哪一種，牠們的頭部都貼近寬闊的胸部前緣，扁扁的呈橫長型，從外觀看，可以說沒有所謂的「螓首」。或許古人將寬闊的「螓額」，誤以為是「螓首」。

我們常看到的蟬，頭部寬而短，但跟牠有親屬關係的蠟蟬，則以頭型異常而有名。例如也分布於台灣、被列為保育類昆蟲的渡邊氏蠟蟬（*Fulgora watanabei*），體長三公分，向前突出的頭頂竟然長達約二公分，在烏桕（*Sapium sp.*）、相思樹的樹幹上偶爾可以看到，學名中的*watanabei*是紀念在一九〇七年北埔事件中殉職的日籍警官渡邊龜作。但更特別的應是南美蠟蟬（*Laternaria laternaria*），有八公分的體長，算是蠟蟬中的最大型，牠突出的頭頂從側面看，頗像鱷魚的頭部，裡面塞滿了白色泡沫狀組織。至今還不清楚這些奇形怪狀的頭頂到底有什麼用處。蟬也好，蠟蟬也好，螓首為何代表美女的額頭，令我百思不得其解。

蛾眉指的是蛾的觸角。看看古代的美人圖即知，所謂的美女，都有細長而彎曲的眉毛，那模樣的確和雌蛾的觸角相去不遠。蝴蝶的觸角呈棍棒狀，把美人的眉毛寫為「蝶眉」雖然說得過去，但不及細如柳葉的柳眉，來得秀雅。

不過，對蛾來說，觸角可不是生來好看用的，而是有特殊的用途。蛾通常都在夜間活動，也在夜間尋偶、交尾，晚上的森林原野一片漆黑，視覺不太管用，於是牠們便利用氣味來互相連絡。略為詳細地說，大多數蛾類的雌蛾到了一定時段，會從腹端分泌讓雄蛾興奮、起飛的性費洛蒙。雄蛾用觸角聞到性費洛蒙的氣味後，便立刻朝性費洛蒙的分泌源飛去，找到雌蛾停息的地方與牠交尾。從大部分蛾的體型看得出來，雌蛾所分泌的性費洛蒙量不是很多，雄蛾為了接收分散於空氣中微量的性費洛蒙，發展出極發達的觸角，觸角分枝上都布滿毛狀的化學感覺器，只要接收到數粒分子的性費洛蒙，就能刺激雄蛾起飛的慾望。

雄蛾的觸角不僅發達，外形也多變化，有雙櫛齒狀、單櫛齒狀、刷毛狀等。相較之下，雌蛾的觸角構造較簡單，也較小型，多呈絲狀，觸角上也沒有毛狀感覺器。例如我們所熟悉的家蠶成蟲——家蠶蛾，雄蛾觸角呈雙櫛齒狀，雌蛾觸角則呈絲狀。

不管「螓首蛾眉」實際指的是哪裡，看看歷代的美人圖，對照時下所謂淑媛名模的手姿，或女孩風靡的造型，都能體會到審美觀是會隨著時代變易的。

【作繭自縛】

蠶吐絲作繭，困縛自己。後人比喻為自作自受。又作「吐絲自縛」。

這則成語出自《景德傳燈錄．卷二十九．誌公和尚十四科頌》：「聲聞執法坐禪，如蠶吐絲自縛。」唐代詩人白居易的詩裡也有一句：「燭蛾誰救護，蠶繭自纏縈」，抒發被自己做的事困住的感觸。宋代詩人陸游更有「人生如春蠶，作繭自縛裡」的名句。

古人把繭看作是一種束縛，殊不知繭是處於蛹期的昆蟲的住家，昆蟲吐絲是為了保障蛹期的安全，繭裡其實蘊含著巧妙的生機！

提到作繭，我們最常想到的就是蠶。蠶繭是家蠶幼蟲成熟後，為了化蛹，吐絲所作的繭，也就是蛹的家。會作繭的昆蟲不少，蝶、蛾類中就有部分種類有作繭的習性；在蜂、螞蟻、甲蟲及一些脈翅目、毛翅目昆蟲中，也屢見作繭的昆蟲。例如狩獵蜂類的幼蟲，取食母蜂替牠準備的獵物，成熟的幼蟲先作繭，此後在繭裡化蛹。繭的形狀依昆蟲的種類而異，有些昆蟲不僅吐絲，且利用枯葉、土粒為材料，綴成一塊繭，但這種簡陋的蛹之家，能否稱為繭，尚無定論。

人類養蠶的歷史長達四千年，經過無數次的品種改良，現在剛孵化的蠶寶寶大致重〇·四三毫克，約二千三百隻才有一公克重；大約經過二十五天的取食桑葉，長成可以吐絲作繭的熟蠶，重達四·五～五公克。蠶寶寶很偏食，是只取食桑葉的典型單食性昆蟲。一隻蠶寶寶需要吃約二十五公斤的桑葉，吸收桑葉中微量的蛋白質，才能把它變成絲蛋白，吐出來作繭。

作繭用的絲是由蠶寶寶體內的絲腺合成的。蠶寶寶早在第一齡期，體內就具備絲腺了，但它只佔體重的百分之六，僅〇·〇一毫克左右。絲腺大致跟著體重增加而長大，到了要吐絲的第五齡期末期長到幾近體重的一半。

解剖吐絲前的蠶寶寶即知，絲腺內絹絲的原料是帶有黏性的液體（絲液），但它吐出來後卻變成直徑僅〇·〇二公釐的絲狀固體，也就是蠶絲。雖然其中的機制尚未完全解明，但已可確知，黏狀液體不是因為接觸到空氣才變成絲狀固體的，它的改變應該跟吐絲時的速度有關。蠶寶寶吐絲的速度是一分鐘六十公分，在人造條件下，用比這慢的速度將液體絹絲拉出來時，它並沒有變成固體，怪不得蠶寶寶總是一邊吐絲一邊搖頭，以調整吐絲的速度。

值得注意的是，我們所謂的「吐絲」，其實是「拉絲」。也就是說，蠶寶寶用嘴將絲液拉成蠶絲。蠶寶寶的嘴是由角質蛋白形成的，嘴上有個調節口，當絲液經過時，可對流量進行調節。蜘蛛絲雖然也是「拉」出來的，不過是從腹部末端，而非嘴部。

蠶寶寶做出重約〇．五公克的繭後，就在厚而安妥的繭層中度過蛹期。說這種現象是「自縛」也好，「閉關」也罷，不容置疑的是，蛹期是保持安靜的時期，不只蠶寶寶如此，所有經過蛹期羽化為成蟲的昆蟲都是如此。以家蠶為例，蠶寶寶的幼蟲期，就是猛吃食物，讓身體長大的發育期，期間配合身體的發育而數度蛻皮；但經過蛹期進入成蟲期後，成蟲身體不再長大，最重要的工作就是飛翔、尋偶、交尾及產卵。蛹期是從幼蟲期過渡到成蟲期的重要階段，讓不同功能的身體構造在此時期進行大改造。也就是說，這一時期，幼蟲體內的組織完全溶解，重新組合，形成翅膀，且造出幼蟲期沒有的生殖器官等等。

所以，「作繭自縛」是有吐絲習性的昆蟲很重要的改革手段，在這個時期必須安靜獨處、不被打擾，被人看成自作自受，不知牠們作何感想？

【蠶食鯨吞】

像蠶吃桑葉般地和緩，或像鯨吞食物般地猛烈。形容強者對弱者的逐步侵佔或一舉吞併，比喻不同的侵略方式。

「蠶食」的用法首見於《韓非子·存韓》：「荊人不動，魏不足患也，諸侯可蠶食而盡，趙氏可得與敵矣。」至於「鯨吞」則出自《舊唐書·蕭銑等傳論》：「自隋朝維絕，宇縣瓜分，小則鼠竊狗偷，大則鯨吞虎據。」侵略者的攻擊手法雖然不一樣，但目的都在併吞他國。

家蠶取食桑葉是否真的慢吞吞？其實那只是一種錯覺。家蠶體長頂多數公分，剛孵化的家蠶身體呈黑色，如螞蟻般小，有「蟻蠶」之稱。蠶寶寶只在幼蟲取食，由於大量攝食桑葉，身體迅速長大，體色逐漸變成青白，體壁的表皮也發生多次蛻皮。經過約二十五天，熟蠶的體長較蟻蠶增加約二十五倍，體重增加一萬倍左右。

然後熟蠶在此後兩、三天的吐絲期，吐出長約一千五百公尺、直徑〇．〇二公釐的絲為來造繭。由於蠶絲的成分是絲蛋白，而桑葉的成分以纖維質為主，蛋白質含量甚少，為了取得充分的蛋白質造繭，蠶寶寶只好拚命地取食桑葉，在體內貯積蛋白質，並把多餘的纖維質、澱粉等排出體外。養過蠶寶寶的人一定都知道，牠邊吃邊排泄，而且排泄量超大，因此以蠶食來形容「和緩的取食」並不那麼恰當；但若和「鯨吞」對照來看，以「蠶食」形容漸進式的併吞，卻似乎又言之成理。

再談鯨吞。鯨多達八十多種，體型依種類而有很大的差距。其中最大型的應是鬚鯨類的藍鯨（*Balaenoptera musculus*），體長三十多公尺，體重達一百八十公噸。所謂的鬚鯨類，牠們在胎兒期牙齒就開始退化、消失，上顎部的口蓋稜變形呈鬚板狀，鬚板數目由三百至八百支不等，依鬚鯨種類而異。鬚鯨就利用口腔開口的一排鬚板，濾食海水中的生物。據推測，藍鯨在夏天的取食季節，一天可取食三．六公噸的磷蝦或其他浮游生物，是不折不扣的大胃王。

藍鯨一邊游泳，一邊開著大嘴，讓喉部隆起的肌肉擴張至幾近一百八十度，然後用最快的速度一口吸進海水及其中的浮游生物，再利用腹部肌肉的收縮作用，把海水從口腔的鬚板擠出，同時吞下口腔裡的浮游生物，如此的捕食方法，節省了不少體力。鯨之類的水棲性恆溫動物，由於游泳時的基礎代謝量，只比休息時增加百分之二，因此可以不停地游來游去。反觀陸地上的哺乳類動物，身體愈大型，活動時消耗的體力愈大，因此老虎、獅子、犀牛等常常不是躺著，就是懶洋洋地踱步。

包括藍鯨在內的多種鯨類，懷孕期大約一年，母鯨在高緯度的北極洋或南極洋度過夏天，冬天則遷至熱帶或亞熱帶的溫暖水域繁殖，生產完又回到北極洋或南極洋。鯨為何每年一次游回暖帶和極地的海洋?原來剛出生的幼鯨，皮下的脂肪組織不發達，抗寒性差，因此母鯨選擇在暖海裡生產。但暖海裡可取食的浮游生物不多，母鯨於哺乳期間，體重降到原來的三分之二，為了生存，牠只好又回到食物豐富的冰海地域補充營養。從鯨有厚達十多公分的脂肪組織，以及必須作長距離的遷移，就可以想像鯨吞之量有多麼可觀。

至於齒鯨類，胎兒期的牙齒持續存在且漸漸長大，呈尖銳的獠牙（犬齒）狀。獠牙的數目與發達的情形，依齒鯨種類數而異。例如齒鯨中最大型、體長十二～十五公尺的抹香鯨（*Physeter macrocephalus*），下顎具有四十～五十六支巨牙，支支長二十五公分、直徑十公分。但上顎的牙齒已退化，埋沒在齒齦中。除了以凶暴有名的殺人鯨（虎鯨）具有特別尖利的牙齒，齒鯨類的牙齒只能壓住水中的獵物不讓牠們游走，並無撕裂及咀嚼的功能。

【春蠶到死絲方盡】

用來讚揚有奉獻精神的人，與「鞠躬盡瘁，死而後已」類似。

這則嚴格說來不算成語的成語，出自唐代詩人李商隱的名句：「春蠶到死絲方盡，蠟炬成灰淚始乾。」詩人原是以蠶一生只吃桑葉，到老熟時才吐盡牠那柔軟、光滑、潔白的絲，來比擬自己的愛情也是如此，直到生命終結時才完結。

談到家蠶，一般最先想到的可能是小朋友養著玩的蠶寶寶。家蠶似乎已是離我們愈來愈遠的一種昆蟲了，何況春蠶？其實養蠶業在台灣曾是很受人重視的一種產業，早在日本領台的次年（一八九六年），日人便從日本引進桑苗、蠶種，一九〇九年設立桑苗養成所，之後一直擴大編制，光復後成為蠶業改良場，但自從尼龍等人造纖維出現後，盛況不再。雖然蠶絲有人造纖維沒有的優點，但蠶絲的需求量一落千丈，到了一九九〇年代初期，台灣已經沒有專業的蠶農，到了一九九七年，蠶業改良場也易名為苗栗區農業改良場。

雖然台灣的蠶種是從日本引進的，但養蠶的開端是在中國中原地區，而且歷史悠久。根據古籍記載，養蠶始於黃帝的西陵皇后（嫘祖），蠶絲的英文silk的語源，就是來自「西陵」這個名字。

由於中原地區位於溫帶地域，起初飼養的蠶以卵休眠越冬，在春天孵化，經過大約一個月的幼蟲期後吐絲造繭並化蛹，再經過一、二個星期的蛹期破繭而羽化，不久就交尾、產卵。由於五、六月間產的卵，要經過一段很長的休眠期，到翌年春天才能孵化，主要的發育期在春天，因此就有「春蠶」這樣的名稱。在二十世紀人造纖維出現以前，蠶絲的需求量很大，為了增產，養蠶專家開發出突破休眠機制的育種方法，因而出現六、七月間孵化發育的夏蠶，及秋季天涼時孵化發育的秋蠶，甚至有一年經歷三、四個世代，也就是有三、四次結繭期的多化性蠶種。

蠶寶寶只取食桑葉，桑葉的主要成分是纖維質和醣類，蛋白質含量偏低，由於蛋白質不僅是蠶體各器官細胞的重要組成成分，且是蠶絲和蠶卵的基本原料，因此蠶寶寶不得不猛吃桑葉，可觀的食量讓牠在第五齡期時，體重增加到孵化時的一萬倍左右，此後逐漸減少食量，以至停食，至前半身呈透明時，開始吐絲造繭。熟蠶大約花二、三天造繭，造完繭後，體軀變小略呈紡錘形，靜靜地在繭內等待化蛹。

雖然蠶繭的大小因蠶種、桑葉的品質，飼養時的條件、時期而不同，但一般來說，還是春蠶的繭最重。根據較早期的資料，一粒蠶繭重約二公克，其中一．五公克為蛹重，其餘則為厚約一公釐的繭層的重量；後來養蠶專家育種出繭重超過三分之一的多產蠶種。造繭後的蠶蛹，比原先的蠶寶寶小許多，並在繭中保持靜止不動的狀態，讓人以為牠「絲盡至死」。

其實，春蠶吐完絲，意謂牠完成化蛹前的準備工作，此後的任務就是乖乖待在繭中，在蛹期著手從幼蟲體變為成蟲的整個身體改造工作，並非如這則成語說的「到死絲方盡」，否則牠們如何留下後代呢？

【金蟬脫殼】

金蟬脫去外殼而蛻變。比喻使用計謀脫身。又作「脫殼金蟬」。

這則成語談到了蟬羽化過程中的蛻皮現象。

大多數的蟬在地下吸收植物根部汁液慢慢生長，經過漫長的若蟲期，成熟的若蟲在傍晚鑽出地表，爬上樹幹，脫去外殼而羽化。蟬脫殼時，先從頭、胸、背部開始縱裂開來，然後用腳緊抓著蟬殼，慢慢地將身體挪出殼來，整個過程歷時約五、六個小時。剛脫下殼的蟬，看來虛弱，體色較淡，翅膀縐縮，太陽出來後，翅膀才變硬，至此完成羽化而飛走，過幾天就開始鳴叫尋偶。我們可以在樹幹上，或樹下發現蟬脫下來的殼，也就是「蟬蛻」。蟬這種特殊的脫殼過程，讓古人得到啟發，因而聯想到如何使用計謀來脫困。著名的「三十六計」中的第二十二計就是「金蟬脫殼」。

雖然蟬蛻的顏色依蟬的種類而有濃淡的差異，但大多呈黃色，因而有金蟬之名。

許多種類的雄蟬都具有保護色，牠們待在樹枝上鳴叫，叫聲雖響亮，卻不易找到。至於雌蟬是啞巴，要找到牠更是困難。因此，容易在樹幹較低處發現的蟬蛻，就成為研究蟬之生態的好材料。

蟬蛻是著名的中藥。採到的蟬蛻，去掉泥土雜質，曬乾即可入藥。蟬蛻無味而性微寒，具有疏解風熱、頭痛、明目退翳、利尿、抑止小兒夜啼等功效。雖然蟬在中藥上的利用，早見於公元二世紀時，漢代的《神農本草經》，但此處只提到成蟲的藥效；至六世紀，南朝陶弘景的《名醫別錄》才出現蟬蛻的項目。十六世紀，明代李時珍的《本草綱目》，就蟬成蟲只列出三種配方，蟬蛻竟列出十六種之多，但其中不乏牽強、荒謬之說。例如對小孩夜啼的配方為，粉碎蟬蛻的下半部（腹部），與加溫的酒和薄荷液一起服用；若只服用蟬蛻上半部，小孩會繼續哭鬧。李時珍的理由竟是蟬白天鳴叫，夜間靜默，故能止住夜啼。

蟬蛻的採集很簡易，不必捕蟲網及特別的採集用具，頂多為了採集較高處的蟬蛻而準備一根細竹竿，而且採集再多，也不會破壞自然生態。採集時，先記下附有蟬蛻的植物名，因為昆蟲在羽化前會爬上就近的植株，如此就能大致知道該蟬種若蟲期取食的植物是哪一種。記下第一個及最後一個蟬蛻採集的日期，以掌握該蟬成蟲的活動期。記下採到的蟬蛻數，以掌握該蟬的發生量及其變化。由於母蟬在樹幹上產卵，孵化的若蟲有爬下樹幹潛入土裡生活的習性，記下在同一種樹木的不同植株上，發現的蟬蛻數及其發現高度，可以大致了解母蟬對產卵環境的選擇情形。

由於蟬的羽化容易受到氣候的影響，將記錄結果和氣象資料對照看看，說不定會有一些意外的發現。詳細觀察蟬蛻，並測定它自頭頂至腹端的體長、胸部最寬部分的體寬、觸角的節數及長度等。同一個蟬蛻，左、右觸角往往不同，只就這一項來作調查，就很有看頭，一定可以寫成一篇很好的自然觀察報告。

【噤若寒蟬】

像寒冷季節時的蟬，一聲不響。比喻不敢說話。又作「噤如秋蟬」。

這則成語出自《後漢書．卷六七．黨錮列傳．杜密》：「劉勝位為大夫，見禮上賓，而知善不薦，聞惡無言，隱情惜己，自同寒蟬，此罪人也。」以悶聲不響的寒蟬，來諷刺只知明哲保身的人。

到底什麼是寒蟬？根據一些學者的考證，《詩經》中的「寒蟬」，與《爾雅》中的「寒蜩」或「寒螿」屬於同一種，劉淦芝的《中國蟬譜》一書中，寒螿所附的學名是*Scieroptera splendidula*，雖然這種蟬未在台灣分布，但台灣另有同一屬的台灣黑翅蟬（*Scieroptera formosana*），但寒螿是否就是黑翅蟬之類，仍有待商榷。

在《禮記．月令》、《呂氏春秋》等的〈物候曆〉中有「孟秋之月，寒蟬鳴」一句，孟秋應是秋季中期，但台灣黑翅蟬是初夏時鳴叫，在台灣產的蟬中，是鳴叫期較早的一群，到了盛夏即已不見行蹤，如此看來，寒蟬是黑翅蟬的可能性很小。

關於寒蟬，另有別種說法。李時珍在《本草綱目》中提到蟬，「小而色青赤者，曰寒蟬，曰寒蜩，曰寒螿……」，在前述《中國蟬譜》中，寒蟬附上了*Meimuna opalifera*的學名。陳振祥的《台灣賞蟬圖鑑》（天下．大樹出版），也以「寒蟬（*Meimuna opalifera*）」表示，並記錄了岩崎寒蟬（*M. iwasakii*）等其他六種在晚夏至秋末出現鳴叫的台灣寒蟬，他提到冬天也聽得到寒蟬的叫聲，並說明岩崎寒蟬成蟲的出現期為八月至翌年二月，並非啞巴的寒蟬。但在中國中原地區，牠們會不會在冬天時鳴叫，這是另一個問題。

在台灣北方的日本沖繩縣，岩崎寒蟬成蟲的鳴叫期至十二月止；而更北方的日本本土，寒蟬成蟲的活動期自七月下旬至十月上旬。因此在緯度相仿的中原地區，冬天應該是聽不到寒蟬叫聲的。

由於寒蟬是三千多種已知蟬種中，成蟲活動期較晚的一群，無論寒蟬指的是屬於*Meimuna*屬的特定一群，或籠統地包括所有冬天的蟬，在中原地區的確有「噤若寒蟬」的現象。

雖然蟬的發生期，依種類之別，而有早晚的差異，但一般來說，牠們都從春天起開始羽化、鳴叫、尋偶、交尾及產卵。善於鳴叫的雄蟬由於不必產卵，交尾不久即告死亡，雌蟬則在產完卵後死亡。因此，雄蟬的壽命一般都比雌蟲短些，而雌、雄蟲頂多活兩、三個星期。

較晚羽化的寒蟬則在中秋鳴叫，至翌年春天最早羽化的草蟬開始鳴叫以前，野外應是一片靜寂。而這也是雌蟬在樹枝、樹幹的樹皮下產卵的時期，經過一、兩個星期，若蟲就孵化出來。大部分的孵化若蟲都會自己爬下樹，潛入土中，在土中度過長達數年的若蟲期。由於若蟲在土中不鳴叫，以寒蟬形容保持沉默，是很恰當的。

《伊索寓言》裡有〈螞蟻和蟋蟀〉或〈螞蟻和螽斯〉的故事，我們所熟知的版本是，蟋蟀在夏天、秋天唱歌取樂，並譏笑勤於貯藏食物的螞蟻不知享福，到了冬天，蟋蟀沒有東西吃，只好向螞蟻求救，好心的螞蟻請蟋蟀進來分享食物，一起載歌載舞，在蟻巢裡度過了歡樂的冬天。不過這是改寫的故事，早期的版本是螞蟻不准蟋蟀進來，讓牠在門外活活餓死，但後來的人覺得這種結局太過殘忍，而且為了提升教育意義，改成螞蟻不計前嫌，接納蟋蟀。

其實原始版本的主角應是螞蟻和蟬。在伊索的故鄉——南歐的希臘，蟬是相當常見的昆蟲，故事以蟬為主角理所當然，但《伊索寓言》傳到中歐後，由於當地不容易看到蟬，於是主角由蟬換成當地人比較熟悉的蟋蟀、螽斯。不過，這個故事裡的「寒蟬」還是噤聲。

從寒蟬而來，與「噤若寒蟬」同出一源的用詞還有「寒蟬效應」，通常指的是在高壓統治或是威權壓迫下，沒有人敢坦率說出不同的意見，因為擔心受罰，久而久之，大家都像寒蟬一樣不敢講話了。

【蟬不知雪】

蟬在冬天來臨以前就死去，一生不曾看過雪，所以不知道雪。比喻見聞淺薄。

【相似詞】夏蟲不可語冰。

這則成語出自漢代桓寬的《鹽鐵論．相刺》：「通一孔，曉一理，而不知權衡，以所不睹不信，人若蟬之不知雪堅。」

就一般人所認知的在夏天叫個不停的蟬來看，蟬的確不知雪，但就蟬的整個生活史來說，鳴叫的時期是成蟲期，此外還有卵期及若蟲期。事實上，蟬是以若蟲期漫長有名的昆蟲，我們看到的成蟲期，只是牠生活史中最有聲有色的一部分而已。正如被人視為短命昆蟲的蜉蝣（見210頁），若從牠的整個生活史來看，牠可是一點也不短命呢！

以下就從蟬的生活史的角度來看，蟬和雪到底有沒有機會碰頭。

台灣地處溫暖的亞熱帶，除高山地區外，冬天不會下雪，蟬多分布在平地至中海拔地段，就牠的生命史來看，這則成語在台灣很適切，也可以這樣說，它適用於不下雪的熱帶、亞熱帶地區。但到了溫帶地區，情形可能就不一樣了。

蟬是熱帶性昆蟲，在已知的約三千種蟬中，半數以上的種類分布在東南亞，而且還陸續發現新種。台灣已記錄的蟬種有五十九種；面積約台灣十倍的日本，只有三十二種；北緯四十二至四十三度的法國南部不到十種；而在更北的英國，只分布一種吱吱蟬（*Melampsalta montana*）。可見低溫條件不利於蟬的存活。

撇開生活史超長的十七年或十三年週期蟬不談，蟬的生活史一般長約四、五年，草蟬類是目前所知生活史最短的蟬，一年發生一代，在春天羽化，也是鳴叫期最早的蟬。草蟬成蟲的壽命與其他蟬類一樣，只有一、兩個星期，由於蟬的成蟲期大多在春天至夏末，此時不會下雪，就成蟲來說，「不知雪」確實沒錯，但若蟲的情形較為複雜。孵化的若蟲，從寄主植物的樹幹或莖部組織爬出來，下到地面挖洞，在寄主植物的根部棲身，開始至少一年、甚至十多年漫長的若蟲期，這段期間的冬天一定會下雪，雖然看不到雪，但在土中間接經驗到雪的可能性頗大。

順便一提，蟬的若蟲期共有五齡，長短依其種類而異，上述的草蟬若蟲期一般為一～二年，蟭蟟也是一～二年，熊蟬是二～三年，騷蟬是二～四年，蟪蛄是三～四年，爺蟬是四～五年。若蟲期依寄主植物的營養條件、若蟲的吸汁位置及吸汁量等，有一～二年的差異。就二年完成若蟲期的姬草蟬（*Mogannia minuta*）為例，一齡期三十三日，二齡期三十日，三齡期九十日，四齡期一百二十日，五齡期二百四十日，其間若蟲很少改變吸汁的位置，一直到最後的第五齡期，接近羽化時，牠才移到地表附近另造新土窩，在此等候羽化時機。由於接觸地表的新土窩的天花板較薄，多多少少能感受到外界的氣候。草蟬類若蟲自三月下旬開始羽化，羽化後經過尋偶、交尾、產卵等，在四月中、下旬產生第一批後代，若無意外，這批若蟲在第四齡、第五齡期時，各過了一次冬天。

雖然姬草蟬多分布在不會下雪的台灣及日本沖繩縣，但由此推測，其他以兩年完成若蟲期發育的蟬種，成蟲雖然沒見過雪，但若蟲會遇到兩次降雪的季節。至於這些在土中生活的若蟲們，對雪瞭解多少，對降雪的記憶能否維持到成蟲期，只有蟬自己才知道。

【蟬腹龜腸】

比喻腹中飢餓空虛。

這則成語出自《南史．卷十五．檀道濟傳》：「蟬腹龜腸，為日已久。飢虎能嚇，人遽與肉。餓鱗不噬，誰為落毛？」

先來談「龜腸」。在人看來，烏龜若一段時間沒進食，必定餓慘了，其實不然。烏龜和蛇類一樣，都是耐餓性甚強的動物，當環境不佳，沒東西可吃時，牠們能挨餓幾十天，等到有適當的食物才大吃一頓。

至於「蟬腹」，百聞不如一見，不妨捉來一隻蟬，剖開牠的肚子看一看，會發現裡面空洞洞。「蟬腹」像鼓，能發出聲音。

蟬的身體裡，與發出聲音有關的部位有以下五處：一、發音肌；二、發振膜（鼓膜）；三、副發音肌；四、關節膜；五、共鳴室。此外，為了改變共鳴室的體積、形狀及腹部肌肉的運動，另有相當於我們耳朵的鏡膜，這是雌、雄蟬都有的聽覺器。在這些構造中最基本的是，位在胸部與腹部交界、呈V字狀的發音肌。當發音神經發出需要鳴叫的訊息時，發音肌便開始收縮，此時的收縮運動比搏翅飛翔的運動更為激烈。由於發音肌兩端與背板下的發振膜相接，隨著發音肌的伸縮，發振膜產生凹陷，或恢復原狀的振動而發出聲音。這聲音再經由共鳴室加以擴大。其實共鳴室原是雄蟬呼吸用的後胸氣孔，它變形後呈袋狀，形成共鳴室的外廓。由於蟬的腹部有共鳴室，消化器官等內臟因此都被壓縮到了背部。

蟬的叫聲，依種類之不同，而有各種韻律及音調，這是腹部不同方式的運動所致。腹部的運動不同，共鳴室內的空氣量、形狀、體積就會不同，而所產生的聲音也就不同。

再加上附在發音肌內側的副發音肌和關節膜的變化，以及形狀會依蟬種而異的腹瓣的作用，不同的蟬種就能發出不同的鳴叫聲。例如爺蟬（*Graptopsaltria* spp.）鳴叫時，發音肌的伸縮頻率為一秒鐘約一百次，依它的伸縮凹陷，發音膜發出小小的聲音，這聲音在共鳴室擴大幾十倍，這就是我們所聽到的蟬聲。

那麼蟬如何果腹呢？蟬的頭部下面有個尖尖的刺吸式口器，是用來插入樹幹吸食樹汁的。蟬在羽化後的十幾個小時裡，一邊等翅膀硬化，一邊吸食樹汁，以儲蓄飛翔時所需的能源。

羽化後二至四天，蟬才開始鳴叫。每種蟬每天的鳴叫有一定的時段，觀察這時候的蟬，會發現牠們多半正用口器在吸汁。由於蟬的食物是液體，而且牠們的消化管被壓在背部，所以肚子看起來是空的。

【捫蝨而談】

一邊捻著身上的蝨子，一邊侃侃而談。形容人態度從容不迫，旁若無人。又作「捫蝨而言」。

這則成語出自《晉書．卷一一四．苻堅載記下》：「桓溫入關，（王）猛被褐而詣之，一面談當世之事，捫蝨而言，旁若無人。」敢在大庭廣眾面前，一邊抓蝨子，一邊放言高論，真是從容自在。不過從這裡也可以看出，在晉代，蝨子寄生於人體是很普遍的。

寄生在人體為害的蝨子，有頭蝨、衣蝨和陰蝨。嚴格說來，頭蝨與衣蝨是同一種，但因為棲所不同、體色略有變異；陰蝨則以陰毛、眉毛為主要棲所。人體被蝨子吸血時，會感覺疼癢，甚至化膿。這和蚊子、跳蚤吸血時，牠們的唾液在我們體內產生抗拒反應很像；但蝨子更大的威脅在於媒介傷寒熱。

蝨子與人類的淵源頗深，早在史前時代北美原住民及古埃及時代的木乃伊頭髮上，就已發現蝨子的遺骸。古代埃及和古希臘馬其頓的士兵出戰前，為了預防蝨子寄生在頭髮上，都會塗上一層油，這種風俗後來演變為現在的「抹髮油」。在西元前四世紀亞里斯多德的《動物志》中，就有關於蝨子的記述：「蝨子生自人肉，孩童時易生於頭部，女性比男性容易長蝨子，但頭上長蝨子可以減少頭痛發生的機會。」

中世紀的歐洲，蝨子在人體上的寄生，象徵著生活簡約、言行謙遜的美德。一一七〇年，英國主教貝克特（Thomas A. Beckett）在祭壇被殺，當人們脫掉他的衣服清理遺體時，在襯衣中發現一大堆的蝨子，信徒因此更敬重他、懷念他。也是中世紀時，據傳瑞典佛羅根堡市（Fulgenburg）選舉市長時，候選人圍著圓桌而坐，各人把自己鬍子拉到圓桌上，圓桌中央有一隻蝨子，牠爬進哪一個候選人的鬍子裡，那人就可以當市長。

到了近代，蝨子在人體上的寄生，更是常見。由於歐洲上流社會人士的衣服完全依照身材縫製，不夠通風，加上不能每天換衣服，更增加蝨子的猖獗。為了預防頭蝨，出現了假髮，並且自十七世紀起大為流行。雖然也有人認為假髮的出現及流行，源於梅毒病人為了隱蔽頭髮的脫落，或者出於美觀的理由，如法國路易十三世為了隱藏自己的禿頭而戴假髮。但不能否認的是，戴假髮對於頭蝨的防治相當有效。這種在上流社會盛行的風俗，直到一七八九年法國大革命爆發後才逐漸式微。

美國第一任總統華盛頓在十四歲自訂的「禮貌守則」中，就有以下關於頭蝨的一則：「不可以在別人面前捏蝨子；在朋友衣服上發現蝨子時，要不動聲色地捕捉牠；別人幫你捉身上的蝨子，你必須表達感謝。」從這裡可以得知，十八世紀中葉的北美，蝨子仍是很常見的。如今，隨著合成有機殺蟲劑的出現，除了很特殊的環境，如戰亂、貧窮的地區外，蝨子已成為少見的衛生害蟲了。

在其他一些哺乳類動物身上，也有蝨子寄生，例如大象、黑猩猩、獼猴等。其中我們比較熟悉的是獼猴，在一些動物生態影片中，常可以看到獼猴自己捉蝨子或互相捉蝨子、吃蝨子的畫面，不過寄生在獼猴身上的蝨子，跟寄生在人體的蝨子不同種類。一些飽受蝨子騷擾的民族，也有捉蝨子來吃的習慣，他們認為蝨子體內的血液是自己的，把牠回收到自己的身體，是很合理的事。

【蝨處褌中】

褌指褲子。蝨處褌中是指很多蝨子藏在褲縫中，用來比喻人處世拘謹，見識不廣。

這則成語出自三國時代魏國阮籍的〈大人先生傳〉：「汝獨不見夫蝨之處于褌之中乎！深縫匿乎壞絮，自以為吉宅也。行不敢離縫際，動不敢出褌襠，自以為得繩墨也。飢則囓人，自以為無窮食也。然炎斤火流，焦邑滅都，群蝨死于褌中而不能出。汝君子之處區之內，亦何異夫蝨之處褌中乎？」文中以蝨喻人、勉勵人放開格局的意圖非常明顯，但蝨子真的只待在小地方而「見識不廣」嗎？

在前一則成語「捫蝨而談」中提過，寄生在人體吸血的蝨子有陰蝨、頭蝨、衣蝨三種；其中頭蝨與衣蝨其實是同一種，但由於頭蝨多棲身在頭髮、眉毛，體色較深，而衣蝨多蟄住在衣服縫隙等處，需要時，才出現在人體上吸血，體色較淡，兩者常被認為是不同的種類。其實，這些蝨子的遷移性都相當旺盛，否則怎麼會猖獗為患呢？

陰蝨多寄生在陰毛，必須利用男女接觸，才移居到另一個人的身體，因此傳播機會受到了一些限制。頭蝨、衣蝨就不一樣了，雖然每個人的生活習慣、居住條件不同，但衣服都有可能遭到衣蝨的寄生。如果衣蝨不趁我們換衣服時遷移，而死心塌地固守於脫下的舊衣服，就會失去吸血機會而餓死，更別提產卵留下後代了。因此，每當我們脫下衣服，衣蝨感到周圍的溫度降低，便會開始尋找新的立足場所。

不僅如此，過去蝨子還很猖獗的時代，在人擠人的車子或電影院裡，一些人往往會從別人身上帶回蝨子，嘗到第一次遭受蝨子吸血的經驗。若很不幸地，那隻蝨子是已交尾過的雌蟲，經過繁殖，一家人都會遭殃。在軍營、監獄等人員密集生活的場所，有時還會出現蝨子爆發性的猖獗。

雖然蝨子沒有翅膀，不能飛翔，只靠六隻腳爬行，而且爬行速度不算快，但因為有吸血性，被牠吸血的部位會癢癢的，而造成生活起居上的不便。最可怕的是，牠還是傷寒熱的媒介者。不過，牠本身雖然吸血，但吸血時不會把病原菌注入人體，病原菌乃是藉由人們搔癢所形成的小傷口侵入人體的。

蝨子所媒介的傷寒熱，屢次改寫了人類的歷史，其中最為人津津樂道的，或許是十九世紀初期拿破崙的東征俄羅斯。拿破崙大軍出征時有六十萬人，但從莫斯科撤退回到法國國土時，只剩一千人，士兵的死亡原因當然包括戰死、餓死及罹患其他疾病，其中又以傷寒熱為最重要的病因。詳細看看中世紀至近代的戰爭史，可知蝨子媒介的傷寒熱是如何的流行肆虐，甚至在戰爭中扮演了決定勝敗的微妙角色。從這個角度來看，具有潛力改寫人類歷史紀錄的蝨子，怎麼會是「見識不廣」的小昆蟲呢？

不過話又說回來，古代物質環境不佳，衛生條件差，古人沐浴更衣的次數一定不如今人多，蝨子不需要經常更換棲所，「蝨處褌中」的可能性也是存在的。

【螳臂當車】

螳螂舉起雙臂想要阻擋車子，比喻不自量力。又作「螳臂擋車」、「螳臂當轅」。

【相似詞】以卵擊石。

這則成語出自《莊子．人間世》：「汝不知夫螳螂乎？怒其臂以當車轍，不知其不勝任也。」對螳螂生態略有認識的人對於「螳螂舉起雙臂想要阻擋車子」的想像和描述，都會會心一笑。其實舉起雙臂是螳螂遇到害敵時，很自然的反應，帶著示威或恐嚇的意味。

野外常見的寬腹螳螂（*Hierodula patellifera*），遇到包括我們人類在內的害敵時，會先豎起身體，把前腳合起來，由於這時的姿勢有點像在祈禱，因此英文名字叫做「praying mantis」（祈禱蟲）。當害敵更靠近時，牠會把前腳略為伸開，舉起上唇，露出黑色的口器，展開前翅，讓自己看起來體型更大。不過，當螳螂遇見抵擋不住的對手時，自知威嚇無效，也就會鳴金收兵離開了。

其實，螳螂的這種示威動作，在其他一些動物身上也看得到，例如青蛙、河豚會吸足空氣使腹部膨大，眼鏡蛇會舉起前半身，熊會以後腳站起來，並將前腳向左右伸開，以龐大的身體恐嚇對方。所以，在野外忽然碰到熊時，最不建議採取四肢著地的姿勢，本來有一百六、七十公分的人類身體，變成身高不到一公尺的小型動物，反而更容易受到熊攻擊。

一般來說，讓自己身體膨脹或採取嚇止態度，在野生動物的世界是相當有效的策略。由於掠食性動物狩獵的原則是在絕對安全的情況下出手，當牠看到對方體型較大，考量雙方搏鬥雖然已有勝算，但也可能會受傷，就會放棄這次的掠食，以等待下一次百分之百安全的獵取機會。所以，當鹿被群狼追趕了幾十公里，甚至被包圍時，鹿只要採取虛張聲勢的反抗行為，往往就能脫困。「螳臂當車」之類的行為，在人類看來荒唐可笑，但在自然界裡相當管用，是不爭的事實。

前腳雖然是螳螂採取威嚇姿勢時，重要的利器之一，但它的主要功能仍在捕獲獵物。螳螂伸出前腳捉住獵物只需要二十五分之一秒，比職業拳擊手出拳的速度還要快。還有，螳螂「出拳」之前，會先利用前胸前緣部的微毛測定獵物跟牠的距離和角度，再慢慢接近獵物，因而出拳幾乎百發百中。

說起螳螂，牠的絕技更不止於此。日本北部多雪地區自古即流傳著「螳螂在高處產卵時，將有大雪」的說法，經過野外調查發現，母螳螂在樹枝上製作螵蛸（卵囊）的高度超過一百一十公分時，積雪厚達一百公分；當螵蛸的高度為八十～一百一十公分時，積雪可厚達六十公分。詳細分析結果得知，製造螵蛸的高度與積雪量有明顯的關係。若將多雪地區的螳螂遷移到少雪地區，讓牠們產卵，牠們都會選擇在較低的樹枝上製作螵蛸。至於牠們用什麼方法預測積雪量，至今仍是個謎。

在昆蟲界還有像水螳螂、擬螳螂等具有捕獲型前腳的昆蟲，但牠們前腳所在的位置各有不同：螳螂的前腳從前胸略近中央部位伸出，擬螳螂的前腳附在前胸的前緣部，水螳螂則由於前胸前緣部在複眼下面，附在前緣部的前腳，看來像是從複眼下面伸出，雖然三者之間還有不少相異之處，但只從前腳的位置，就可以把牠們分得很清楚。

附帶一提，在中國繁多的武術派別裡，有一派模仿螳螂搏鬥時的攻防動作，它真的能夠「當車」。螳螂拳的特點是手腳緊密配合，剛柔並濟，招式精妙而迅速，在遭受對方攻擊時，自己也能進攻。

【螳螂捕蟬，黃雀在後】

螳螂只顧著捕蟬，不知黃雀在牠後面要吃牠。比喻目光短淺，只想到算計別人，沒想到別人也在算計自己。

這則成語出自《莊子．山木》：「睹一蟬，方得美蔭而忘其身，螳螂執翳而搏之，見得而忘其形；異鵲從而利之，見利而忘其真。」不過莊子提到的是異鵲（奇異的大鳥），西漢韓嬰的《韓詩外傳．卷十》則指出黃雀之名：「螳螂方欲食蟬，而不知黃雀在後，舉其頸欲啄而食之也。」在劉向的《說苑．正諫》中，也提到春秋時代吳王執意攻打楚國，沒人敢勸阻他，有個小官就用這個寓言來勸諫吳王，提醒他不要只顧眼前的利益，而忽略身後潛伏的禍患。

雖然這則成語常被用來說明自然界裡食物鏈（food chain）的概念，但從我個人研究昆蟲的經驗來看，螳螂捕蟬的可能性似乎不高。就以體長七、八公分的大型螳螂，碰到身材細瘦的小型蟬蟪蛄來看，蟪蛄有四公分左右的體長，體寬二公分，螳螂能否用前腳牢牢捉住蟪蛄？當螳螂提起前腳時，蟪蛄若拍翅反擊，螳螂說不定會受傷？我曾看過螳螂取食蟬的生態紀錄片，但我猜那些蟬是毫無抵抗力的老蟬。一般來說，螳螂捕食的是比牠小好幾倍的蠅虻類。其實不只是螳螂，通常掠食性動物捕食的，大多是約為牠身體十分之一的獵物，因此在掠食性動物的捕食關係中，本來就存在著「大欺小」、「弱肉強食」的現象。

瞭解這一點後，觀察螳螂與其捕食者及獵物的關係，不難發現以下兩點，一是黃雀的身體明顯大於螳螂，螳螂的身體大於牠的獵物蠅虻類，捕食黃雀的老鷹身體明顯大於黃雀。二是蠅虻類到處可見，但螳螂不像蠅虻那麼普遍，黃雀的隻數又比螳螂少，老鷹則更少。就第一點來談，螳螂必須要有夠大的體型及敏捷的行為，才能捕捉蠅虻類，黃雀、老鷹也一樣。因此黃雀大致以牠身體十分之一的獵物為捕食對象，老鷹雖然能以嘴喙、腳爪撕裂獵物，但仍只捕獵牠身體五分之一至四分之一的獵物。

雖然捕食者與獵物在體型上有明顯的差異，但也有一些例外。團結就是力量，例如獅子、野狼等成群獵捕的掠食者，可以獵捕比牠們大型的獵物；有些寄生蟲，體型雖然比寄主小很多，但牠們能侵入寄主體內，慢慢取食寄主身體或吸食營養。更極端的例子就是植食性動物，由於植物對植食性動物毫無抵抗，且植食性動物不需要一口將整棵植物吞下去，因此牠們通常依自己的喜好，取食葉片、嫩芽、果實、種子等部分。一般來說，肉食性動物將體型朝適應環境或提高獵捕效率的方向演化，植食性動物則朝逃離掠食者捕食的方向改變自己的體型。

至於棲息隻數遞減的現象，可以從能量的利用效率來解釋。生物發育、活動所需的能量來自太陽，植物吸收太陽的熱量後，將它轉變成植物體，然後被動物利用。關於植物的陽光利用率，專家已針對一些重要的農作物做了較詳細的研究。以玉米為例，經過專家多年研究而育種出來的品種，其陽光利用率只有百分之二，為何如此，原因不明；而野生植物的陽光利用率更低，不到百分之二。

至於植食性動物對植物所生產的能量的利用率，因動物、植物的種類及當地各項自然條件而異，多位專家認定頂多是百分之十。也就是說，在植物生長條件較佳的地方，植食性動物能夠利用的能量，為當地太陽照射能量的百分之二中的百分之十。而以掠食性動物為食物的動物，所利用的太陽能量，則是百分之二中的百分之十中的再百分之二。以此類推，以老鷹為食物的超大型鳥所能夠利用的太陽能量，不過是九牛一毛，無法讓牠維生，這就是為什麼地球上沒有捕食老虎、獅子的超級猛獸。當然擁有各種文化利器，用刀槍及其他武器對付老虎、獅子的超級猛獸人類，就另當別論了。

【蝗蟲過境】

成群的蝗蟲掠食而過。比喻一掃而空。

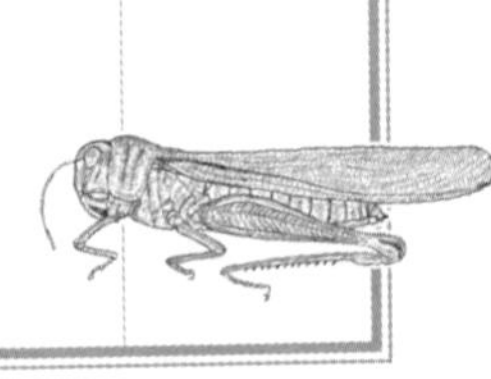

這則成語裡的蝗蟲指的是飛蝗，牠們成群飛來，猛吃落腳處的所有植物，所到之處，綠地變荒地，災情慘重。為了繼續飛翔，牠們的食量非常可觀，一天取食與牠體重相同重量的食物。例如，一九八九年在非洲馬利（Mali）所觀察到的沙漠飛蝗（*Schistocerca gregaria*），肆虐面積涵蓋了約一百二十公里長、二十五～三十公里寬的範圍，每平方公里的飛蝗數多達四千萬～八千萬隻。群蝗大軍壓境，遮天蔽日，每一平方公里一天就有八十～二百四十公噸的農作損失，相當於八萬個人一天的食物量，因此以「蝗蟲過境」來形容寸草不留的慘境非常恰當。

上述分布在非洲、中東地區的沙漠飛蝗，也就是《聖經．舊約》裡，上帝在埃及所降的十災中的第八災——蝗災的禍首。但所謂的飛蝗不只沙漠飛蝗一種，分布在亞洲的亞洲飛蝗（*Locusta migratoria*）也是威震八方的超級害蟲，牠在古代中國中原地區的為害，從《詩經·小雅·大田》裡的「去其螟螣」一句即可窺知。螟主要是指蛀食農作物莖部的害蟲，螣即蝗蟲。《禮記·月令》中，也有多處談到氣候異常會引起蝗螟之災，在在說明了漢代以前對蝗蟲的發生條件已有一些認識。

自古以來，亞洲飛蝗就在中國大陸肆虐成災，例如《晉書·懷帝本紀》記載，晉永嘉四年（三一〇年）五月，「幽、并、司、冀、秦、雍等六州大蝗，食草木，牛馬毛皆盡。」明末徐光啟在一六三〇年間所著的《農政全書》中提到「凶饑之因有三：曰水、曰旱、曰蝗」，直指飛蝗與水災、旱災並列為中國三大農業災害。根據該書的記載，自公元前七〇七年到公元一六三〇年間，共有三百七十次的蝗災紀錄。清代陳芳生在《捕蝗考》如此描述蝗災：「臣所見蝗盛時，幕天匝地，一落田間廣數里，厚數尺，行二三日乃盡。」由於各地常有蝗災，歷代農政的重點都在治蝗。

亞洲飛蝗的前胸背板中央有隆起線，並且帶有三條橫線，形成一個「王」字，「蝗」字便從此而來。由於蝗蟲從天而降，自古以來蝗災就被視為是一種神罰，為了安撫天帝，免於蝗災之罰，農民們廣建八蠟廟奉祀蝗蟲。其實八蠟廟本是為求農作物免於各種蟲害、天災所設的廟，但因蝗災嚴重，逐漸變成主祀蝗蟲的寺廟。

在八世紀的唐代，即設有捕蝗使，開元四年（七一六年），山東有蝗災，名相姚崇力排「蝗蟲是神蟲不能捕殺」之議，派專使前往災區帶領官民滅蝗。宋神宗時（一〇七五年）公布的「熙寧詔書」是中國第一道，也是全世界第一道的治蟲法規，相較於歐洲遲至十七世紀末才發布有關治蟲的法令，即知當時中國的蝗災如何嚴重，更可看出當時中國的政治體制比歐洲各國進步許多。

此後因應農情需要，出現不少有關治蝗的專書，例如《捕蝗集要》（俞森，一六九〇年）、《捕蝗考》（陳芳生，一六八四年）、《治蝗書》（陳崇砥，一八七四年）、《治蝗全法》（顧彥，一八七八年）等十餘本。可以這麼說，近代以前，中國的昆蟲學是以防治害蟲的「治蝗」和利用益蟲的「養蠶」兩大主題為中心而發展的。

【蜻蜓點水】

蜻蜓在水面飛翔，尾尖一觸水後又飛起。比喻做事膚淺不深入、不夠認真。

【相似詞】走馬看花、浮光掠影。

這則成語出自唐代詩人杜甫的〈曲江〉：「穿花蛺蝶深深見，點水蜻蜓款款飛。」北宋詞人晏殊的〈漁家傲〉也有「嫩綠堪裁紅欲綻，蜻蜓點水魚遊畔」的名句。古人眼中蜻蜓輕盈飛翔、點水的詩情畫面，其實是蜻蜓的一種產卵行為。

從產卵型式來看，蜻蜓可以分成兩大類，一類是產卵管發達，將卵產在植物的葉片、莖部或泥巴中的「植物組織內產卵型」；另一類是產卵管不發達，把卵產於水面、地表的「植物組織外產卵型」，這裡的「蜻蜓點水」屬於第二型產卵行為。先就植物組織內產卵型來說，屬於這型的以色蟌、勾蜓類居多，牠們的卵呈香蕉型，產卵場所包括活體植物的莖葉、朽木、木片、泥土等，依蜻蜓種類而異。只就在活體植物上產卵的蜻蜓來看，有些將卵產在植物伸出水面的部分，有些將產卵管伸入水中，產卵在植物的浸水部位，甚至還有潛入水中產卵的種類。

屬於植物組織外產卵型的有白刃蜻蜓、紅蜻蜓、春蜓類，牠們的卵呈球狀或橢圓狀，產卵方式有從空中散卵、邊飛邊用產卵管輕觸水面而產卵、停在水邊，把產卵管伸進水中產卵等等。以腹端輕打水面的點水或輕打木片的點板型產卵法，被昆蟲專家叫做「打水產卵」。打水的方式又依蜻蜓種類而有不同，有連續打水產卵的，有以一定時間間隔打水產卵的，有斷斷續續、不定時打水產卵等。

由於常會有小魚在雌蜻蜓打水處下方等著取食卵，為了避免自己的卵慘遭不測，雌蜻蜓演化出「空中產卵」的方式，也就是利用滯飛，讓卵粒或卵塊一粒一粒地掉入水中，或者猛搖腹端，讓卵散落在水面各處。無論是「打水產卵」或「空中產卵」，雄蜻蜓通常都停在附近，或滯飛在雌蜻蜓產卵處的上空監護，甚至以尾端夾著雌蟲脖子和牠連結，防止別隻雄蜻蜓趁機橫刀奪愛。

雌蜻蜓一生產卵數次，通常產完卵後就飛離水域，進入小昆蟲較多的森林裡補充營養，為下一次的產卵作準備。雄蜻蜓也一樣，有時會飛進森林或原野裡捕食。因此，我們往往會在離水相當遠的地方，看到處於營養補充期的蜻蜓。

那麼蜻蜓一生會產多少粒卵？根據一項針對十隻仲夏紅蜻蜓（*Sympetrum*

darwinianum）的調查，一次產卵期的打水次數，多者七百三十二次，少者九十三次，差異很大，平均為三百四十三次。捉來一隻雌蜻蜓仔細觀察，可知牠一次打水平均產下四粒卵，一次產卵期的產卵數為一千三百七十二粒。仲夏紅蜻蜓一生有數次產卵期，一生的總產卵數高達數千粒，但極大多數的卵或孵化後的水蠆，在發育過程中，慘遭其他水棲動物的取食。

雌蜻蜓一次產卵所需的時間，依產卵方式有很大的差異，大多數的蜻蜓不到一分鐘便產完一批卵，但紅蜻蜓等打水型蜻蜓通常要花三～十分鐘，將卵產於植物體內的蜻蜓則要花一個多小時。尤其夜間產卵的大藍絲蟌（*Lestes temporalis*），會先用產卵管在伸出水面的落葉枝條上開掘產卵孔，然後在這裡產下三～五粒卵，產卵時間從日落到深夜，這樣的產卵方式，已非「輕輕掠過」那麼輕鬆了。

【朝生暮死】

指早上才出生，晚上就死亡。形容生命的短暫。

這則成語是從蜉蝣的生活史所引發的感嘆。宋代儒學家陸佃在《埤雅》中這樣描述蜉蝣：「蜉蝣似天牛而小，翕然生、覆水上尋死、隨流，朝生暮殞，有浮游之意，故曰蜉蝣也。」

蜉蝣真的這麼短命嗎？以蜉蝣的成蟲期來看，牠的壽命的確很短，有些真是朝生暮死，只有一天的壽命，而最長的也不超過一個星期。但若從卵孵化開始，經過稚蟲期到成蟲期等完整的生活史來看，蜉蝣可不算短命的昆蟲，牠的稚蟲期通常達二、三年之久。

儘管蜉蝣的成蟲期只有一天，但在這一天裡，該做的事卻是一樣也沒少。例如，雄蟲要尋偶、交尾，雌蟲與雄蟲交尾後要產卵。《埤雅》裡的「似天牛而小」一句，指的是雄蟲長而發達、宛如天牛觸角的前腳，雄蟲就是利用它緊緊捉住雌蟲胸部背面來進行交尾。由於稚蟲生活在河水裡，而水中又有以昆蟲維生的魚，為了彌補葬身魚腹的稚蟲數，母蟲的產卵數通常在二千粒以上，甚至多達上萬粒；要在一天之內完成這些工作，實在很辛苦。

不僅如此，由於稚蟲期長達二、三年之久，稚蟲往往被河水沖到離牠孵化場所相當遠的下游，如果羽化的蜉蝣成蟲在羽化處就地產卵，經過數代或數十代，稚蟲們就必須在河口，甚至海洋中生活，這樣牠們就很難順利發育，因此交尾後的雌蟲，還會上溯河流數公里才產卵。想想上面提到的工作量，再對照蜉蝣看來纖細無力的身體，就不得不對牠奇妙的爆發力感到驚訝了。

相較於蜉蝣靠爆發力傳宗接代的「朝生暮死」，有些種類的白蟻女王蟻可謂「福壽雙全」，不只有三十年的長壽命，終其一生還可以產下數千萬粒卵，生命力之持久，令人歎為觀止。這種持久力是從哪來的？若能解開箇中機制，或許我們可以找出青春永駐的祕方呢。

【蛛絲馬跡】

蛛網的細絲與馬蹄的痕跡。比喻可供尋查推求的細微線索。

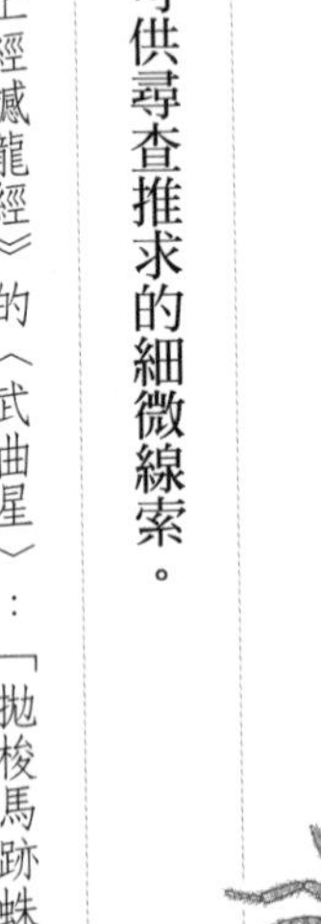

這則成語出自唐代楊筠松《龍經．上經撼龍經》的〈武曲星〉：「拋梭馬跡蛛絲長，梭中自有絲不斷」，以及〈破軍星〉：「引到平處如蛛絲，欲斷不斷馬跡過，東西隱顯梭中絲」，都是用蛛網的細絲和馬踏過的足跡，來比喻隱約可尋的痕跡。

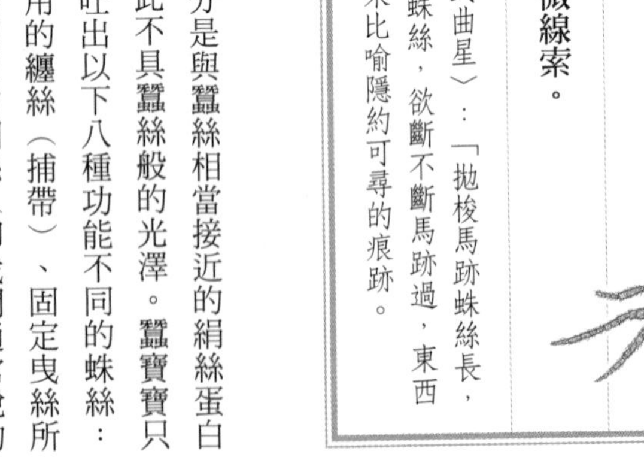

蛛絲是蜘蛛從腹部後端的絲疣所吐出的，主要成分是與蠶絲相當接近的絹絲蛋白（fibroin），但蛛絲表面沒有絲蛋白（sericine），因此不具蠶絲般的光澤。蠶寶寶只能吐出一種絲，但一隻蜘蛛卻能從不同位置的絲疣，吐出以下八種功能不同的蛛絲：行走或從高處下垂時牽出的曳絲（垂絲）、捆綁獵物用的纏絲（捕帶）、固定曳絲所形成的盤狀絲（附著盤）、雄蛛交尾前所製的精網、結網用的網絲（即我們通常說的蛛絲）、築巢用的巢絲、護卵用的卵囊絲，及乘風飄散的遊絲。

蛛絲是天然纖維中最細的一種，例如皇冠鬼蛛（*Araneus cornutus*）只有〇·〇七丹尼（denier，或簡稱丹），所謂的丹尼是指一條九千公尺長的纖維的重量（公克），丹尼數愈高，纖維就愈粗。蠶絲為一丹尼，人的頭髮約為五十丹尼。大約三百四十公克的皇冠鬼蛛蛛絲，可以圍繞周長約四萬公里的地球一周。別看蛛絲纖細，它可是韌性很強，不易被拉斷，能吊下體重〇·五公克的皇冠鬼蛛，若以鋼絲代替，只能吊下〇·二五公克重的東西。不但如此，把一種巨眼蛛（*Deinopid* sp.）的蛛絲從左右拉開，可拉張到原來的六倍長，但鋼絲只能拉張百分之八的長度。

談到馬跡，會聯想到馬蹄印。馬是屬於有蹄類的動物，有蹄類動物依腳趾數目為偶數或奇數，可以分成偶蹄目或奇蹄目兩大類。其中屬於偶蹄目的有四趾的羊、牛、河馬、鹿等及兩趾的長頸鹿、駱駝等，共約有二百種；屬於奇蹄目的有三趾的犀牛、貘及單趾的馬等，只有十六種。

我們的手、腳各有五指（趾），初期的哺乳類動物，前、後腳也都各有五趾，但後來為了配合牠們的生活方式，尤其移動方法，改變了前、後腳的趾數，例如貓的前腳，雖然有五趾，但為了走路方便，第一趾（拇指）小型。一些不必用腳握住東西的動物，先退化不太管用的第一趾；而以跑步為主要移動方式的動物，也開始退化其他不需要的趾，例如偶蹄目的第二、第三、第四趾變成主蹄，而第一、第五趾變成副蹄，平常走路時使用主蹄，副蹄用於上、下岩崖時，以免身體滑下或在泥澤中退後。生活在較乾燥平坦的草原和沙漠的駱駝、長頸鹿等，則因不再需要使用副蹄，而變成兩趾型。

談到奇蹄目，在此以三趾型的犀牛為例。犀牛能以五十公里的時速疾跑，如果牠像馬，只以第三趾的單趾跑，可以跑得更快，但看看牠龐大的身體，即知只以單趾無法支撐，只好三趾並用。身體比犀牛小型的馬就不必考慮這點，生活在五千萬年前的馬的祖先始祖馬（*Hyracotherium* sp.）在森林活動，肩高只有三十~五十公分，前後、腳各有四趾及三趾。但牠們移到草原後，為了疾跑，以逃避害敵的攻擊，最後只剩下中趾。其實犀牛也一樣，牠們雖然有三趾，最大型且最重要的還是位於中央的中趾，以中趾來支撐身體而疾跑。

馬因為只以中趾尖端走路、疾跑，和其他體型大小相同的動物比起來，牠的腳印顯得特別小，加上跑得快，在泥土地及草地上留下的痕跡當然就不是很明顯。即使馬的蹄加上馬蹄鐵，腳底變硬，腳印變得較清楚，但腳印大小還是差不多。

所以用「蛛絲馬跡」來形容依稀可辨的小線索，是非常恰當的。

【百足之蟲，死而不僵】

蜈蚣或馬陸等的多足蟲類，即使截斷牠的身軀，牠還能支撐身體而不倒。比喻人、事雖然衰敗，但在一段時間內，仍能維持興旺繁榮的假象。又作「百足之蟲，至死不僵」。

這句俗諺出自三國時代魏國曹冏的《六代論》：「夫泉竭則流涸，根朽則葉枯；枝繁者蔭根，條落者本孤。故語曰：『百足之蟲，至死不僵』，以扶之者眾也。」也見於《紅樓夢．第二回》：「古人有云：『百足之蟲，死而不僵。』如今雖說不似先年那樣興盛，較平常仕宦之家，到底氣象不同。」常用來指有錢有勢者，根基穩固，雖然失敗，但潛力仍在，不像普通人一蹶不振。

談到百足，我們想到的是蜈蚣或馬陸之類的多足蟲類，但蜈蚣為何被比喻為有錢有勢的人，是否因為牠腳多？不管如何，蜈蚣的外骨骼相當發達，死後還能保持較完整的外形，是不爭的事實。但馬陸就「死而僵」，馬陸死後不久，體節就脫開分散，變成一節一節，不能留下完整的屍體。因此製作馬陸標本時，不能像處理蜈蚣、甲蟲那樣以乾燥的方式保存，必須泡在濃度百分之七十五的酒精裡，製成液浸標本。也因為馬陸「死而僵」，我們甚難找到較完整的馬陸化石，因此對馬陸演變的過程仍有很多不解之處。

談到蜈蚣，我們常認為牠有毒，被牠咬了一口就不得了，但這是不太正確的觀念。蜈蚣是肉食性動物，為了獵食，口器具有毒螯，並由此注入毒液使獵物麻痺，以便慢慢取食。蜈蚣的主要食物是蚯蚓、小昆蟲，用來麻痺這些小型動物的毒液注入人體通常不嚴重，頂多讓人感覺疼痛、發生浮腫等。不過光看牠的大顎與銳牙，還是令人生畏的，而且已有少數被咬致死的病例，所以對牠還是要小心提防。由於大型蜈蚣可使小老鼠、小鳥致死，飼養體長約二十公分的大蜈蚣時，多以白老鼠當食物餵飼。

在台灣所看到的最大型蜈蚣，是體長約十五公分的褐頭蜈蚣（*Scolopendra subspinipes*），在東南亞可以看到體長二十五公分的更大型種類，南美北部曾出現體長超過九十公分、體寬十五公分的巨型蜈蚣；目前所確認的最大型蜈蚣是分布在祕魯的大蜈蚣類（*Scolopendra* spp.），體長超過三十公分。至於馬陸，在非洲也曾發現體長達三十公分的巨型種類。

我們以百足代表蜈蚣，其實大部分的蜈蚣只有二十一或二十三對腳，即只有四十二或四十六隻腳，地蜈蚣的腳從二十一至一百九十一對不等，但腳的對數皆是奇數，至今未曾發現具有一百隻腳，即五十對腳的蜈蚣。蜈蚣利用這麼多對的腳，如蛇般滑行移動，快跑時倒豎起尾端，不讓生殖節觸地。蜈蚣的近緣種馬陸，在每一胴節有兩對腳，而蜈蚣每一體節只長一對腳，因而馬陸的腳數遠比蜈蚣多，尤其分布於斐濟（Fiji）的一種細吻馬陸（*Gonibregmatus plurimipes*），竟有一百九十一對，即三百八十二隻腳，是整個動物界多腳之王。

蜈蚣具有攻擊用的武器，即大顎與毒牙，通常牠以鮮艷的體色為警戒色，警告對方不可任意侵犯，有些蜈蚣甚至在胸部腹板具有分泌螢光液的腺體。康熙六十一年至雍正元年間（一七二二～一七二三），首任巡台御史黃叔璥著的《台海使槎錄》中，有如下的記述：「蜈蚣，腹下有光，夜間青熒，閃爍如螢，毒氣如硫磺，以足踏之，光熠耀不絕。」這是在台灣首次有關蜈蚣的記載。

除了多足，值得一提的是母蜈蚣具有抱卵性。這種特殊的習性在多種蜈蚣身上可以見到。一隻母蜈蚣的產卵數，依其種類不同而有十～一百粒之別，變化甚大。就大蜈蚣類而言，產卵後的母蜈蚣捲起身體，彷彿把卵收納於一個籠子般地，將卵放在腳與胴部之間，並不時舔食卵的表面，以防止發黴。抱卵中的母蜈蚣對來自外部的刺激相當敏感，只要受到一些干擾，便會棄卵逃跑，或把卵吃掉。經過約二十天的卵期，小蜈蚣孵化，在母蜈蚣的保護下，經過兩次蛻皮才離開母親自立生活。不過有些馬陸是由雄性負責抱卵、護卵的工作，即母馬陸產卵時，公馬陸用腳把卵鉤到自己的腹部，等母馬陸產完卵，再把卵抱到隱蔽的地方開始抱卵，一直到卵孵化為止。孵化的稚馬陸在父親身旁生活一個星期左右，才開始獨立生活。

蜈蚣作為藥用，早見於漢初的《神農本草經》。將蜈蚣浸漬於芝麻油，或和芝麻油等提煉的蜈蚣膏，自古即是民間有名的療傷用藥；經過乾燥處理的大蜈蚣則用於治療破傷風、關節炎等多種疾病，它也是治療毒蛇咬傷的良藥，常被放在中藥房的櫃台。此外，以冷凍的蜈蚣作食餌，可讓紅龍魚的鱗片發亮，增加色澤的美觀。

【無殼蝸牛】

比喻沒有能力購買房屋的人。

「無殼蝸牛」是近年來台灣社會出現的用語，它的產生及流行反映了台灣居住環境的現實。

由於都市房價高漲，許多受薪階級必須省吃儉用，儲蓄多年，才能擁有自己的房子。打拚多年仍無能力購買房子的人，羨慕蝸牛有殼可居，而自嘲自己是無殼的蝸牛。蝸牛為何要有殼？目的何在？

蝸殼存在的目的當然是保護蝸牛，但似乎不是保護蝸牛免受害敵的攻擊，因為在野外我們常可看到主人不知去向、已呈空屋的蝸殼，或被啄破的蝸殼，這些都是蝸牛已被取食的慘況。蝸殼比水棲性螺貝類的殼薄許多，遇到害敵攻掠，當然不堪一擊。

其實蝸殼最主要的目的，是保持身體濕潤。

原來蝸牛的祖先是具備厚殼的水棲性螺類，雖然移到陸地發展，但身體仍需要保持濕潤才能存活，因此牠以薄殼包住身體，預防體內的水分蒸散。也是基於保濕的原因，蝸牛幾乎都在濕度高的雨天、雨後的時段，或濕度較高、害敵較少的夜間活動。可以這麼說，乾燥才是蝸牛生活上面臨的最大威脅，因此外殼不需又硬又厚，再加上陸地生活缺乏水中浮力作用，殼較輕薄在移動時反而比較便利。將相同殼徑、殼高的水棲螺貝和蝸牛的殼作比較，後者的殼重通常不到前者的一半，難怪蝸牛能背著殼行走，還能爬樹，在地面活動時也能爬越朽木落葉自由地活動。由於蝸殼的主要成分是碳酸鈣，所以蝸牛必須從食物中攝取碳酸鈣。

既然蝸牛最怕乾死，當生活環境較乾燥時，牠會潛居在殼裡，分泌油狀的黏液物質被覆在體表。這種分泌物不僅能防止身體水分的蒸散，還具有潤滑油的作用，讓蝸牛在爬行時較為順暢，因此蝸牛爬過的地方，總會留下一條透明光亮、類似銀色的黏液痕跡。

捉來一隻蝸牛，讓牠爬行在各種物體上，當知牠不但能爬行在玻璃般平滑的表面，也能安穩地爬行在刀片上，彷彿練過輕功似地。為什麼牠不會被刀片割傷？很可能是因為牠的體重輕、爬行速度慢。一隻蝸牛的體重為二十公克，刀片厚度為○．○○一公釐，相當於一個人緩慢行走於厚三公釐的鋼板上。此外，蝸牛的身體並未直接接觸刀片，蝸牛是用腹腳夾住刀片兩側，並以前述的油質黏液塗抹刀片兩側，如滑行般地向前方推動身體。

不過，不是所有的蝸牛都有殼，在蝸牛家族裡真的有所謂的「無殼蝸牛」，例如殼完全退化的蛞蝓，此外還有只剩一點殼的「半蛞蝓」。牠們為什麼不需要殼呢？因為牠們生活在潮溼的地方，不怕體內水分散失，對殼的需求度不高，再加上沒有殼，可以減少對碳酸鈣的攝取，降低身體能量的消耗，因此在演化過程中，牠漸漸地將殼棄掉。由於沒有殼，蛞蝓的行動比起帶殼的蝸牛靈活，爬得比較快，也能躲進石縫或樹縫間躲避害敵。不過如果天氣太乾燥，牠不能及時回到潮濕的棲所，常會乾死在路上，嘗到無殼的苦頭。

蛞蝓沒有殼，完全依賴被覆全身的黏膜來保護身體，如果拿一把鹽灑在蛞蝓身上，由於滲透壓的作用，蛞蝓體內的水分會統統滲出來，導致脫水而死。如果蝸牛遇到這種情況，牠會把整個身體縮進殼裡，分泌大量透氣但不透水的黏液把殼口封住，維持殼裡的濕度。看來有殼也好，無殼也好，各有利弊。

【蝸角之爭】

比喻為小事或小利而時起爭端。又作「蠻觸相爭」、「蠻觸之爭」。

這則成語出自《莊子．則陽》裡的寓言故事：蝸牛的右角上有個國家叫蠻氏，左角上有個國家叫觸氏，兩國為了爭地，每十五天就大戰一次，死傷逾萬。蝸角上的蠻觸之戰打得慘烈，但在局外人看來，那不過是無謂的爭鬥。

蝸角，更精確的說，應該是蝸牛的觸角，在人看來一點也不起眼，被比喻成微不足道的東西，但對蝸牛來說，它可是身體很重要的構造之一。觀察蝸牛的頭部，可以發現上面有一對或兩對觸角，觸角上有特化的表皮細胞，裡面含有「嗅覺神經」與「感覺神經元」的嗅覺接受器。以非洲大蝸牛（*Achatina fulica*）為例，每一支觸角上就有十萬個嗅覺接受器。通常具有一對觸角的蝸牛，眼睛在觸角的基部，屬於基眼類；具有兩對觸角的蝸牛，屬於柄眼類，觸角可分為在上後方的大觸角，與在下前方的小觸角，大觸角的尖端有圓球狀的眼睛，我們常見的蝸牛就屬於這類。

蝸牛的視力不太好，只能感受光線、辨別明暗。在蝸牛面前搖動手指，牠幾乎不會有反應；只有當你的手指碰到牠的眼睛時，牠才會慌張地縮進大觸角裡。看蝸牛前進的模樣即知，牠一直匍匐前進，直到大觸角碰到障礙物時，才察覺前面有異狀，並伸出觸角確認。由此可知，大觸角雖然司管視覺，但作用不大。

小觸角是司管味覺和嗅覺的器官。蝸牛在取食前，會先以小觸角來辨別食物。由於蝸牛行動緩慢且以植物體為食物，不需敏銳的感覺器官。若切除其中一支大觸角，牠就無法向前直行，只能彎向失去觸角的那一邊爬行，可見大觸角還具有平衡的作用。

不論是基眼類或柄眼類，蝸牛的眼睛都長在觸角的部位，但與蝸牛同屬軟體動物的一些螺貝，眼睛的位置變化較多。例如生活在海邊、河岸的螺貝屬於基眼類；生活在瀑布旁的貝類，觸角不發達，眼睛直接長在身體上；我們食用的蛤蜊，潛居在海底的沙泥中，眼睛已退化，無法靠視覺生活；而日月貝、扇貝等在水中噴水游動的貝類，外套膜尖端長著許多小眼睛。至於也屬於軟體動物的章魚、烏賊，則有發達的眼睛，而且其構造已接近哺乳類，不僅能調整瞳孔大小，清楚地看東西，還能識別顏色。

【老蚌生珠】

形容老年得子。

這則成語出自漢代孔融的〈與韋端書〉：「不意雙珠近出老蚌，甚珍貴之。」孔融以老蚌來比喻年事已高的韋端，用真珠來比喻他兩個優秀的兒子。

蚌的真珠，其實跟繁衍後代沒有關係。它的生成是來自外界的刺激。當有異物進入蚌的外套膜時，蚌受到刺激，卻又無法將它排除，便會不斷地分泌碳酸鈣將它包起來，每天分泌三、四次，經過二～五年的時間，就長成天然的真珠。至於人工真珠的養成，則是將以貝殼磨圓的「種核」植入真珠蚌（*Pinctada martensi*，珠母貝）、白蝶蚌（*P. maxima*）及黑蝶蚌（*P. garitfera*）等的貝殼與外套膜之間，在海水養殖數年而成。雖然會生成真珠的貝蚌類超過一千種，但真正可以用來養殖的，只有寥寥數種。

真珠由於生成不易、採集不易，自古以來都受到人們的珍愛，東、西方皆然。在《聖經·新約·馬太福音》第七章第六節就有這麼一句：「不要把聖物給狗，也不要把你們的珍珠丟在豬前，恐怕他踐踏了珍珠，轉過來咬你們。」義大利的博物學者普林尼在《博物志》第九卷中提到一段逸事，埃及豔后克麗奧佩特拉與安東尼打賭——一餐能否吃下百萬元的大餐時，克麗奧佩特拉毫不猶豫地拿下她耳環上的真珠，將它放進醋中溶解後，一口喝下這一小杯真珠液。

有意思的是，中國的六朝時代，曾有真珠是鮫人的眼淚的傳說。所謂的鮫人是一種人身龍尾的動物，漢代的石壁上常可見到鮫人的圖像。漢代的鮫人有男有女，但至六朝時代，鮫人逐漸女性化，進而衍生出她生活在南海海底，在此織布，淚珠會變成真珠的說法。早在漢代，廣西合浦縣的北部海域就有數千位珠民，以採珠維生，他們對可遇不可求的真珠有諸多的想像，這是可以理解的。我個人推測，當時南海沿岸可能有儒艮（*Jugong jugon*）出現，古人把儒艮想像成蛟人，才衍生出上述的傳說。

儒艮是話題相當多的動物，雖然牠的外形有點醜陋，卻被認為是傳說中的美人魚。儒艮所屬的海牛目，學名*Sirenia*來自希臘神話中上半身為美女、下半身為鳥的女妖塞壬（Siren）。塞壬常以美妙的歌聲誘惑航海者跳海而死，但在一次誘惑英雄奧德賽（Odysseus）的行動中失敗，自己投海變身為魚，從此希臘神話中就出現長有翅膀的美人魚。儒艮的前肢很短，有點像我們人的手腕，加上雌性的乳房至哺乳期就略為隆起，有時母儒艮會以立泳的姿勢抱著孩子餵奶，頭部和胸部浮出水面，難免讓人聯想到美人魚。儒艮行動緩慢，取食海草維生，由於牠的肉被認為營養、可延年益壽，遭到濫捕，已瀕臨絕跡。也屬於海牛目儒艮科的斯帝拉海牛（*Hydrodamalis gigas*），比儒艮更大型，體長約八、九公尺，體重達四公噸，在人們的濫捕下，已於一七六八年從地球消失。

再回過來談「老蚌生珠」，照道理講，愈大型即愈老的蚌蛤，生成的真珠會愈大型才對，但事實不然，在自然情況下，異物進入蚌體後，不見得會一直留在裡面，有時候也會被排出來，從人們大費周章用人為方式將種核植入母蚌不易排出的地方，以生產人造真珠一事，就知道天然真珠形成不易。從這個角度來看，孔融以「老蚌生珠」來稱讚韋端老年得賢子，其實是語帶欽羨；只是不知為何，後來這則成語竟被用來形容高齡產婦，還帶有些許輕薄的意味。

【以蚓投魚】

用蚯蚓為餌來釣魚。比喻用輕微的代價，換取較大的收穫。

這則成語出自《隋書．卷五十七．薛道衡傳》：「陳使傅縡聘齊，以道衡兼主客郎接對之。縡贈詩五十韻，道衡和之，南北稱美。魏收曰：『傅縡所謂以蚓投魚耳。』」

若能以一條蚯蚓釣到一條魚，是很划得來的事。在已知七、八千種蚯蚓中，能當釣餌的只有幾種，其中最常被利用的，是被叫做釣餌蚯蚓的條紋蚯蚓（*Eisenia fetida*）。牠體長十～十五公分、體重一．二公克，有八十～一百一十節體節，由於每節體節中央都有紫褐色的條紋，故有此名。條紋蚯蚓分布在亞熱帶及溫帶地區，常見於垃圾堆及堆肥中，在森林、草原等自然環境裡較少見。專家推測牠原產於歐洲，而後隨著苗木、盆栽的運輸，甚至作為釣餌引進，而散布於世界各地。

當然，魚種不同，使用的蚯蚓種類也不同；例如想釣彈塗魚，要用磯蚯蚓

（*Pontodrilus litoralis*，潮間泮蚓）；想釣鰻魚或螃蟹，應用八田蚯蚓（*Drawida hattamimizu*）或舒伯度蚯蚓（*Pheretima sieboldi*）等體長達二十五至三十公分的大型蚯蚓。甚至在南美的亞馬遜河流域，利用體長二公尺的一種絲蚯蚓（*Glossoscolex giganteus*）來釣魚。這種情形不只限於蚯蚓，不少昆蟲的幼蟲也可以當釣餌，不過所用的蟲餌也是依魚種而異。

蚯蚓常在苔蘚、落葉或腐爛植物下層活動，有鑽土的行為，並取食土壤中的腐植性有機物維生。由於牠到處鑽來鑽去，促進土壤中養分的循環，改良了土質，因而被譽為「大自然的耕耘機」。蚯蚓會在土壤表面留下記號，即糞土。糞土是蚯蚓的排泄物，往往堆放在蚯蚓的洞口附近，形成糞塔，因此在地面上看見由小圓土粒堆成小土堆的糞土的地方，就比較容易挖到蚯蚓。

達爾文在有關蚯蚓的名著《蚯蚓對栽培地土壤形成之效果及蚯蚓之習性觀察》提到，經過蚯蚓消化管變成細粒的新土層，以每年一～五公釐的厚度蓄積於土表，而有植物生長的表土都是經過好幾次蚯蚓消化管作用所形成的。根據該書記載，分布於緬甸的一種粗蚯蚓，在土表形成高二十～二十五公分、直徑四公分、重約一．六公斤的糞塔。這種粗蚯蚓體長達六、七十公分，身體直徑一公分，體重二十八．八公克。雖然達爾文介紹的是超大型糞塔，但一般蚯蚓所堆的糞塔通常也有十～二十公分高、一百～四百公克重；在水牛的放牧地，一平方公尺中平均發現十一個糞塔；當然，蚯蚓的活動也深受下雨的影響。根據調查，一平方公尺的排糞量就多達十三．三～二十二．五公斤，相當於八．八～十一．五公升的表層土。

要採集形成巨大糞塔的粗蚯蚓並非易事，因為牠會不斷地排糞，以堆高糞塔。此時牠的尾端必然位在糞塔的尖端，若用力踢開糞塔應該能採集到，至少可以看到牠身體的後半部吧，其實不然，這種採集法徒勞無功。採集者只能老老實實地順著糞塔往下挖，直到挖到地下四十～六十公分的硬土層，才能找到糞塔的形成者。這樣的結果出乎意料，因為我們平常看到的蚯蚓動作很緩慢，其實牠在土壤中的行動，並不像我們想像的那麼遲鈍。

既然蚯蚓是益蟲，挖蚯蚓當魚餌，對土壤生態系會造成什麼影響？其實影響也很有限，因為我們用鏟子等能夠挖出來的蚯蚓，不過是存活於土壤中蚯蚓的一小部分，堪稱九牛一毛。

【春蚓秋蛇】

形容書法拙劣，像蚯蚓和蛇般彎曲，或字體如蛇蚓盤繞，難以辨認。又作「行行蛇蚓」。

【相似詞】筆走龍蛇。

這則成語出自《晉書．卷八十．王羲之傳》：「子雲近出，擅名江表，然僅得成書，無丈夫之氣，行行若縈春蚓，字字如綰秋蛇。」藉春天剛從冬眠覺醒的蚯蚓，和秋天準備進入冬眠的蛇的模樣，來形容字跡潦草凌亂。

以彎曲的蚯蚓和蛇來比喻字寫得不好，歪歪斜斜，是可以理解的，但為何要指名春天的蚯蚓和秋天的蛇？由於台灣沒有嚴冬期，難以觀察到蚯蚓和蛇明顯的冬眠，只好看看溫帶地區的情形。蚯蚓活動的溫度範圍依種類而異，以日本產的粗蚯蚓（*Pheretima* sp.）為例，其適溫範圍為攝氏六～二十三度，當氣溫升到三十七度時，牠的活動力受到明顯的影響，四十度時即已達致死高溫。其實分布在熱帶地區的蚯蚓，差不多都是這個樣子，沒有超強的抗熱性；當氣溫升高時，牠們便遷移到陰濕的土壤中，或潛入更深處避暑。遇到低溫時，反應也很類似，由於土壤深部的溫度比較穩定，天一冷，牠們便躲到深土中，遇到堅硬的底土不能再深潛，溫度又不適合活動時，就休眠或停止活動。春天的蚯蚓，才剛從冬眠中醒來，身形瘦弱，自是不在話下。

根據體長約為十五公分的湖北粗蚯蚓（*Pheretima hupeiensis*）在日本所做的調查，在四月中旬至十月上旬，牠們多生活在地表十公分以下的地方，排出大量的糞粒於土表，但進入十一月以後，幾乎停止排泄糞粒，並下到距地表二十～三十公分深的土中。到了翌年一月已有積雪時，部分粗蚯蚓更進到七十公分深的地方。

蚯蚓為了避寒，除了往深土移動外，也有一些種類在入秋時從山地往平地遷移，到春季再遷回。例如體長三十公分、體圍一．五公分的日本最大型蚯蚓——舒伯度粗蚯蚓，到了秋季下雨時，會爬下坡至溪谷地域成群過冬，至春天也是趁下雨時往回走上坡，行進距離往往達五、六百公尺。牠們成群下山越冬除了避寒外，還另有目的。雌雄同體的蚯蚓本來行動就不活潑，平常兩隻相遇、互相交換生殖細胞的機會不多，成群越冬可以增加牠們交配的機會。

蛇是變溫動物，體溫隨氣溫而變化，牠不像鳥類具有長距離遷移的能力，只能停留在夏季活動的範圍內度過冬天。當氣溫降低，獵物也減少時，蛇的行動便漸趨遲緩，並開始尋找溫度不會降到冰點以下的地方冬眠。冬眠期間，蛇的新陳代謝率不僅降低，血液也變化到不易結冰的狀態，並停止取食，進入昏睡狀的休眠。雖然大多數的蛇受到秋末或冬初溫度降低的影響而進入休眠，但也有些蛇完全受制於生理機制的變化而休眠，例如美國產的鞭蛇（*Masticophis flagellum*），到了秋末一定時期就開始休眠，不受溫度變化的影響，在經過一定時期的休眠後才又開始活動。有趣的是，分布在溫帶地區的多種蛇類，經過冬季的低溫和代謝後，才開始繁殖活動。因此，牠們的繁殖期多在春天，而且尋偶交尾的意願，也隨著氣溫的升高而上升。

冬眠中的蛇雖然陷入昏睡狀態，其間仍需消耗少量的肝醣及體脂肪，而體內的水分多少也會喪失，因此蛇在春天剛開始恢復活動時，不僅顯得細瘦，且陷入脫水狀態，活動遲鈍。「春蚓秋蛇」雖然念起來很順，但仔細一想，冬眠前的秋蛇胖胖的，若是要形容筆力不濟、缺乏氣勢，「春蛇」會是比較恰當的用詞。

【偕老同穴】

比喻夫婦恩愛。

【相似詞】鶼鰈情深、白首偕老。

這則成語出自一種海綿動物的名字，被用來作為新婚的祝詞。這浪漫的名字取自《詩經·邶風·擊鼓》：「死生契闊，與子成說。執子之手，與子偕老。」

偕老同穴生長在熱帶及暖帶數百公尺深的深海砂質海底，屬於玻璃海綿科。為何牠會被用來形容伉儷情深？不妨先從牠的外形談起。

偕老同穴呈長筒型，體長約二十～八十公分，由於筒型的身體是由像絲一樣細長的黃色矽質纖維所構成，上面有細網目，故有「維納斯花籠」（Venus's flower basket）的英文名。在這筒型的海綿體中，可以發現一對洞蝦，牠們在幼生期跟著海水一起流進這裡，取食來來往往的浮游生物維生，長大後，因為無法再穿過海綿體的細網目，只好一輩子居留在這裡，老死於此。這原是自然界裡海綿與蝦子共生的一種現象，不足為奇，但在古人的浪漫遐想下，這一對洞蝦有了「儷蝦」這個美麗的名字，而「偕老同穴」也被用來形容夫妻恩愛、到老都不分離。

然而，為何只有一對儷蝦待在海綿裡？若是流進來的只是一隻雄蝦或雌蝦，那怎麼辦？是察覺苗頭不對，趁身體未長大前溜出去，或是一輩子獨居在此？不得而知。雖然曾有罕見的三隻蝦與海綿共生的紀錄，但此時的蝦是兩雄一雌或一雄兩雌，未得證實，而牠們如何維持三角關係，也是令人好奇的問題。近年來科學家發現，這種海綿體的玻璃纖維結構類似通信光纖，能傳導光線，但比較柔軟，不易折斷，因此，科學家們正著手研究將偕老同穴應用於光纖材料的可能性。

其實在動物世界中，處處看得到雄性幫助雌性的恩愛情形，但動物的雌雄關係，完全建立在利益輸送的基礎上。例如在一粒寄主卵中，赤眼卵寄生蜂（*Trichogramma* spp.）的雄蜂比雌蜂搶先一步羽化，此後雄蜂以口器、前腳從卵殼中拉出雌蜂，幫助雌蜂順利羽化。又如黑山椒魚（*Hynobius* spp.）的雄性在雌性產卵時，會從後面緊緊抱住雌性，把雌性身體向背方彎曲，雄性這種體貼的「助產行為」，使雌性容易產卵。其實雄性會這麼做，不外是想確保自己的後代順利繁衍。雄性達到目的後，就又去找另一個對象，與偕老同穴的終生廝守有相當大的距離。

常成對出現的鴛鴦，被人們用來象徵美滿恩愛的婚姻，其實雄鳥與雌鳥的成對關係，僅限於該次的繁殖、育雛期，明年此時雄鳥就另結新歡了。雄鳥與雌鳥的短暫結合，完全著眼於雌雄合力育雛時成功率較高。（見〈鳥獸篇·交頸鴛鴦〉357頁）。

在自然界，要找一雌一雄型，即一夫一妻制固定且持久的配偶關係，並不容易，可能只有狐狸、獴之類會是如此。因為這些動物的雌性需要雄性為牠們準備食物，而且雄性的捕獵能力往往也只能滿足一隻雌性後代的食物需求，在如此不得已的情形下，產生了一雌一雄的配偶關係。至於牠們在下一次的繁殖期配偶是否同一隻，目前不見相關的資料。但想想狐狸平均壽命為五、六年，且通常隔年才生產，一生可能只有兩次生產的機會，能夠換配偶的機會本來就不多嘛！

第三篇

傳說動物

【宛若游龍】

形容女人體型嬌弱輕盈。或用來形容筆勢、舞姿等靈活似游龍的姿態。又作「宛若游龍」、「矯若遊龍」。

龍這個虛幻的神話動物，存在於各個文化裡，人們為牠勾勒的形態或有不同，但不知何故，一般來說都有角有鱗，眼睛突出，嘴巴大，身體長，能游善飛，身手矯健。雖然有人努力找尋能夠證明龍確實存在的化石，或釐清龍與恐龍之間是否有關聯性，但都徒勞無功。「游龍」存不存在，不得而知，但可以確定的是，遠古時代的確有善於游泳或水棲性的恐龍。

從已出土的化石可知，早在三億多年前的石炭紀已有恐龍類棲息。在比石炭紀更早的泥盆紀已出現兩棲型的魚石螈（*Ichthyostega*），這是一種身長約一公尺、來自格陵蘭的四足魚，體型粗胖，從牠的復原圖可以發現牠有些像大山椒魚，讓人很難將牠與輕盈的游水姿態聯想在一起。至二億七千萬年前的貝爾姆紀，出現屬於中龍類（*Mesosaurus*）的恐龍，牠是早期出現的水棲性爬蟲類。從牙齒、身體構造推測，牠類似現在的鱷魚，取食小魚、水母維生，只有六十公分的體長，但口吻、體軀、尾部和腳都很細長，游起來應該比魚石螈輕妙多了。

到了二億二千萬年的三疊紀，出現了屬於偽龍類的盾齒龍（*Placodus*），牠具有二公尺的體長，體型類似現在的鬣蜥（*Iguana*），但四肢較發達，像海獅的前腳呈鰭腳，牠利用口腔前方扁平如臼齒的發達牙齒，磨碎附生於岩石的蚌而取食。牠的身材適合游泳，不需要敏捷的身手就能取得食物。也是大約這個時期，出現祖先型的長頸龍，也就是幻龍（*Nothosaurus*），牠體長三公尺，在恐龍中算是中小型，屬於海陸兩棲性的肉食者。從牠發達的肩部、腰部骨骼推測，牠相當適合在陸地活動，而較短的鰭腳讓牠能在海中游泳覓食。不過牠有超過一公尺的長頸，在水中應該游得不快，很可能邊游邊向左右搖擺長頸，尋找附近的魚類取食。這種獵食法類似現在的鵜鶘，但從幻龍的體型來看，牠的游姿應該不像鵜鶘那麼輕快。

自三疊紀後期至侏儸紀中期（兩億年至一億七千萬年前），是真正的長頸龍，亦即蛇頸龍（*Plesiosaurus*）的繁榮期。牠體長約四、五公尺，頸部約佔體長的一半，頸部靈活，可以前後左右轉動，比之前的祖先型更適合在水中獵食。由於牠的身體較扁平，四肢呈鰭腳，看起來頗像長頸的海龜，但從牠較細長的鰭腳研判，游泳速度應該比海龜快些。

到了兩億年前的三疊紀末期，出現了最原始的魚龍，即杯椎龍（*Cymbospondylus*），牠沒有鰓；再經過約五千萬年，即侏儸紀時期，出現了大眼魚龍（*Ophthalmosaurus*），牠體長約四公尺，具有直徑達三十三公分的大型眼睛，背部長有大型的背鰭，體型像海豚，能在水中快速游泳捕食魚類。真正的魚龍（*Ichthyosaurus*）也大致在這個時候出現，牠們是不折不扣的水棲性恐龍，不能在陸上生活，以卵胎生的方式生產。與多數魚類一樣，魚龍具備垂直且發達的尾鰭，但仍以鰭腳游泳，背部有肉質的背鰭，那流線型的軀體及尖銳的口吻，會讓人想起旗魚。到了一億五千萬年前的侏儸紀末期，出現鰭龍（*Cryptocleidus*），雖然牠在外洋取食魚類維生，但從牠的身體構造研判，游泳技術應該不如魚類。

到了一億三千萬年前的白堊紀前期，海中竟出現體長十一公尺、長達三公尺，具有超大型頭骨的巨頭龍（*Kronosaurus*），牠的齒型和頭骨形狀，類似現在的抹香鯨。

上述這些水棲性恐龍，後來都因為氣候及環境的巨變、新物種的興起、未知的毀滅性事件等，而在地球絕跡。現存具有「游龍」之姿的魚，或許可以原產於亞馬遜河流域沼澤地的龍魚為代表。龍魚是體長介於八十到一百公分的大型魚，銀色細長的體型給人華貴的感覺，深受熱帶魚迷的喜愛。我們在水族館看到的龍魚都不太活動，但在野外牠受到驚嚇時，可以在水上連續跳躍三、四次，每次跳躍二～三公尺；當牠捕食樹上或空中的昆蟲或小動物時，甚至可以跳上自己體長兩倍的高度，那如銀帶飄逸的跳躍姿勢，頗符合「宛若游龍」的含意。

另外，原產於印尼加里曼丹的紅龍魚（*Scleropages formosus*，辣椒魚、血紅龍），全身帶有吉祥色澤，在水中穿梭的美妙優雅身影，也讓人不禁將牠和「游龍」劃起等號，牠被譽為「水中天龍」而有不菲的身價，可是當之無愧。

【屠龍之技】

古人朱泙漫耗盡家財，花費三年時間，學會了屠龍的技術，但卻沒有地方使用。比喻不實用的絕技。

這則成語來自《莊子．列禦寇》：「朱泙漫學屠龍於支離益，殫千金之家。三年技成，而無所用其巧。」空有高超的技術，而無處施展，著實令人扼腕。

在中國，龍是一種極為神聖高貴的靈獸，是吉祥之獸，怎麼可以輕易殺死牠呢？怪不得屠龍的本事被譏為無用之技。但在西歐，情形可就大不相同，因為西歐地區所謂的龍（dragon）多屬於性格狡詐、會噴毒氣、引起洪水的惡龍，是邪惡的象徵，在西歐神話中，常是大天使米迦勒（St. Michael）、聖喬治（St. George）及其他英雄征戰的對象。在西歐，具有屠龍之技的人，都被崇拜為聖人或尊以「英雄中的英雄」。

在雨果（V. Hugo）的名著《悲慘世界》第三部裡，馬呂斯（Marius）的一個老傭人唸的書中有以下一段：「很久很久以前，在一個洞穴裡住著一隻惡龍，牠腳上有老虎般的利爪，口中會噴出火燄，已燒毀了數顆星星，後來佛陀進到洞穴裡感化牠，讓牠改過自新。」其實在這段話之前，雨果還寫了一句：「在社會的最低階層掙扎的人的呻吟，已不是尋求上進的聲音，而是對永遠無法滿足的物慾的抗議聲。這些人最後都變成惡龍，餓與渴就是使他們變成龍的起點，而他們的終點就是魔鬼。」從這裡也可以窺知西方人對龍的概念。順便一提，同樣在西歐，蜻蜓被認為是以尖如利針的腹部刺人的惡蟲，故有「龍蟲」（dragon fly）之稱。

中國的龍不只是靈獸，也被看作是皇帝專屬的聖獸，中國最初的帝王——黃帝，曾與龍大戰，降伏了四邊的四個惡龍，從此龍成為古代帝王的象徵，龍顏、龍心、龍體、龍袍、龍床、龍位等，都是專門用來形容皇帝的辭彙。在民間信仰中，玉帝之下有東海龍王、南海龍王、西海龍王、北海龍王四兄弟，司管降雨、海浪等一切有關水的問題。雖然如此，在長達五千年的中國文化中，仍然可以找到一些有關惡龍的傳說故事。

例如湖南長沙附近流傳著楊四將軍屠龍的故事。話說宋代洞庭湖地區有個叫楊四（一名楊泗）的人，喜歡仗義直言；還有一個人叫吳義龍，經常仗著蠻力，惹是生非，村裡的人背地裡叫他「孽龍」。兩人曾在同一所村塾念書。吳義龍知道別人對他的觀感後，揚言：「我如果變成龍，就要把中國變成汪洋大海！」楊四聽了說：「那麼我一定會把你這隻惡龍殺掉。」

後來，吳義龍據說吞吃了從河灘上撿來的兩顆龍蛋，頭上長出龍角，身上布滿鱗甲，真的變成了「無義龍」，在河裡興風作浪，製造禍害。楊四就此展開了屠龍行動。無義龍為了躲避追殺，逃到省城長沙，因為又累又餓，就變成人進到一家麵館去吃麵。其實這家麵館的老闆娘是觀音菩薩所變的，麵條進了無義龍的肚裡變成了鐵鍊，綁住他的心臟。後來無義龍被追上來的楊四扔進井裡，楊四因為斬龍護國，被奉為水神。

除了楊四將軍外，傳說中的屠龍、鬥龍英雄，還有殺黑龍的女媧、斬蠢龍的大禹、伏孽龍的李冰父子、除蛟龍的周處等等，他們都是為民除害的正義化身。另外《西遊記》裡也出現孫悟空大鬧龍宮的場面。

顯然地，在想像的世界裡，屠龍之技可是有令人驚駭的大用呢！

【畫龍點睛】

比喻繪畫、作文時，在最重要的地方加上一筆，使整體更加生動傳神。亦比喻做事能把握要點。

相傳公元六世紀，南朝梁武帝時代的畫家張僧繇，有一年在金陵安樂寺的牆壁上畫了四條栩栩如生的龍。但是，這四條龍都沒有畫眼睛。民眾請求他為龍點上眼睛。張僧繇說：「如果畫上眼睛，龍就會飛走！」但是拗不過大家一再請求，他揮舞畫筆，為其中兩條龍畫上眼睛。他才畫完，只見雷鳴電閃，風雨交加，兩條巨龍撞毀牆壁，騰雲駕霧而去。故事雖是虛構的，但點出了「眼睛為靈魂之窗」的精微。

讀者不妨自己畫個人像或一隻貓、一隻狗，畫其他動物也可以，在他（牠）的臉上勾勒眼睛的輪廓，不要畫眼珠，你會發現這個人或動物了無生氣。若畫上眼珠，讓眼神煥發出來時，就變得有生命感了。一個小黑點可以表現出平靜溫和的性情；把黑點弄大弄得誇張一點，就變成吃驚的模樣；不畫黑點，而代之以向上彎的弧線、或有角度的屋頂狀，或向下彎的弧線又會如何，甚至眼睛裡畫個螺旋又如何？能表現出什麼樣的心情？自己畫了就知道。其實不只畫人像，要注重眼睛表情的變化，畫其他動物也是如此。眼神生動地反映出動物的氣質。例如畫一隻老虎時，若畫得不夠威壯，看似小貓，此時把眼睛裡畫上黑點，讓牠炯炯有神，牠看起來就會像老虎；若要畫小貓，就把瞳孔畫成直立的紡綞型，讀者不妨自己畫畫看。

既然眼睛如此重要，有些蛾類為了阻止鳥類的啄食，在翅膀上帶有眼狀紋，當小鳥接近並企圖啄食時，牠們會忽然展開翅膀，露出眼狀紋，由於眼狀紋的形狀類似蛇、老鷹的眼睛，小鳥看了，往往嚇得不敢再接近，或者一時猶豫起來，蛾就可趁機逃之夭夭。以眼狀紋保護自己的，除了蛾類成蟲與幼蟲外，還有某些種類的魚和青蛙。例如分布在巴西的眼睛蛙，牠的腹部末端有一對大型的眼睛紋，當害敵攻擊牠時，牠會忽然舉起臀部，露出一對有拒敵作用的假眼睛。

有個有趣的試驗是，在蠶寶寶胸部兩側貼上直徑各為五、十、十五、二十公釐的紅紙，在紅紙上各畫上二．五、五、五．七五、十公釐的黑點當眼狀紋，然後利用嘗過蠶寶寶味道的椋鳥，觀察椋鳥看到四種假眼的反應。結果發現，椋鳥並不怕帶有五公釐小眼狀紋的蠶寶寶，會馬上攻擊牠；但對十公釐以上的眼狀紋，椋鳥會猶豫一、兩分鐘才攻擊。椋鳥攻擊蠶寶寶時，蠶寶寶會略為晃動胸部，此時眼狀紋也跟著晃動，讓椋鳥的恐懼感加重，終至放棄對蠶寶寶的攻擊。

既然眼狀紋對一些鳥類有嚇阻作用，為了保護農作物免於害鳥的破壞，有些農民想到將畫上眼狀紋的氣球掛在農園裡，讓它在空中飄盪，來嚇阻害鳥。這樣的措施，一開始確實收到相當好的防治效果，但鳥類到底不是省油的燈，不久就看穿農民的把戲，知道這些根本不是牠們所恐懼的害敵的眼睛，不再把那些眼狀紋氣球看在眼裡了。

【群龍無首】

本指群賢興起之際，切勿強出頭當領袖。後來被轉喻為烏合之眾，缺少領袖。

這則我們常用的成語來自《易經．乾卦》：「用九，見群龍無首，吉。」指擁有陽氣本佳，但如果過於強勢，物極必反，反而不美。所以在群龍中，最好知所謙虛，不為龍頭，才是吉兆。後來這則講述為人處事道理的成語，被用來比喻一群人中沒有領導者，如一盤散沙。

龍是傳說中的動物，關於牠的各種精采的描述，都源於人們對自然萬象所產生的豐富想像力，群「龍」無首的景象，在現實世界中當然見不到，但在自然界，沒有領導者的動物群聚明顯可見，要理解這則成語並不難。

我們熟悉的大象、野狼、獼猴等動物的群聚中，都有一隻領導者，在牠的領導下，大夥一起遷移、生活；但在一群綿羊或鴨子裡，似乎沒有領導者，牠們我行我素般地移動著：水族館裡的紅鮒、鯖魚群也一樣，看不出哪隻是居於特定領導地位的魚，由偶然被推出去的魚走在最前面，暫時帶頭領路，但遇到障礙略為繞路時，就由另一隻變成帶頭者，後面的魚群便繼續乖乖地跟著前進。

在昆蟲的世界裡，螞蟻、蜜蜂等社會性昆蟲，以女王蟻、女王蜂為首，但牠們都待在巢裡，在外界活動的工蟻、工蜂們並不受牠們直接指揮。此外，還有很多群居性昆蟲並未擁有如女王蜂的領導者，那麼牠們如何維持群居生活？群居生活對牠們有什麼好處？

梅蛅蟖（*Malacosoma neustria*）是取食多種樹木葉片的枯葉蛾科幼蟲，也分布於台灣，母蟲產下由三百至四百粒卵形成的卵塊，幼蟲孵化後，就開始吐絲，做個小帳篷，因此牠有「帳篷蟲」（tent caterpillar）的英文名。幼蟲成群而居，就近取食樹葉長大，此後並數次換地方，搭造更大的帳篷。雖然到了第五齡期後，幼蟲開始單獨生活，但群居時代的幼蟲每天都排隊外出覓食。

若詳細觀察，在梅蛅蟖的帳篷與覓食的樹葉之間，不難發現一條絲路。原來牠們走路時會像蠶寶寶一樣，邊搖頭吐絲邊行進。這絲是牠們來回帳篷與取食處的重要路標，如果我們用手抹掉這個路標，一群幼蟲馬上又會聚過來吐絲，修復路標。一隻幼蟲窮一己之力吐出的一條絲路，路標功能並不顯著，但吐絲的幼蟲愈多，路標就愈顯著。因此，牠們採取共同領導的形式，也就是數隻母蛾產卵在附近，由不同卵塊孵化的幼蟲一起合作，建造更大型的帳篷，並設置更明顯的路標。

茶毒蛾（*Euproctis pseudoconspersa*）是在台灣頗有名的一種茶樹害蟲，母蛾產下由上百粒卵形成的卵塊，但孵化的幼蟲十分嬌小，不到一公釐。在試驗室裡把一隻或兩隻剛孵化的幼蟲放在葉片上飼養時，牠們無法發育到第二齡；將五～十隻一起飼養，牠們勉強可以活到第二齡；如果四十隻幼蟲聚在一起生活，可以順利長大到化蛹期。原來牠們取食葉片時，由一隻幼蟲先咬一口，接著由另一隻幼蟲在該咬痕旁再咬一口，如此擴大茶葉的傷口。由於從既成的傷口旁咬一口，不必費很大的體力，大家可以在協力且省力的情況下順利生長。若在葉片上用刀片先做一些刮傷，少數幼蟲形成的群集也能取食該葉片而順利長大，不過牠們在取食的過程中，各吃各的，並不互相幫忙。

至於蟑螂、飛蝗、二十八星瓢蟲等群聚飼養時，牠們的發育快，而且存活率也高，這似乎顯示昆蟲也有群眾心理，至少牠們之間會分泌互相刺激取食、發育的費洛蒙。

如此看來，「群龍無首」對一些動物來說，並不是不好的，只要彼此有很好的默契，這個群體就可維持下去，甚至對某些種類來說，群龍無首的情況是維持牠們存活的必要條件。

【龍肝鳳髓】

比喻極為珍稀的食物。又作「鳳髓龍肝」、「麟肝鳳髓」。

龍肝、鳳髓、麟肝雖然不存在，但世界各國各地，都有自以為傲、自詡為山珍海味的佳餚。例如古羅馬帝國時代，視蒸燒的整隻孔雀、紅鶴的舌頭、燒烤鱘魚為人間少見的美味；想想二千年前的交通運輸情況，要從裏海把體長三、四公尺的大魚運到羅馬，而且維持牠的新鮮度，絕非易事，此魚自然是以稀為貴。今日聞名於世最珍貴的魚子醬，就是用這種鱘魚的卵做成的。

中國有所謂的「八珍」，即八種難得的珍饈美味，內容或有不一，但在古代，都是令平民百姓咋舌稱奇的食物，例如名為龍肝的白馬肝、鳳髓的山雞腦髓、鯉尾的穿山甲尾等；「滿漢全席」裡也有山、海、禽、草等四八珍，即三十二種珍貴佳餚。不過隨著時代的進步，資訊、交通及飲食等各產業的發達，部分古人視為珍饈的食品，如燕窩、魚翅、魚唇、大烏參、魚肚、魚骨、鮑魚、鵪鶉、斑鳩、猴頭菇、銀耳、干貝、烏魚子等，對於今人都已不再那麼遙不可及了。

在此我想介紹太平洋島國密克羅尼西亞（Micronesia）的三大佳餚：鷓鴣蚌（*Tridacna* spp.，硨磲貝）、椰子蟹（*Birgus latro*）和大蝙蝠（*Pteropus scapulatus*）。

先從鷓鴣蚌介紹。大鷓鴣蚌是蚌中的巨無霸，蚌殼直徑超過一公尺，重達二百多斤，即使是較小型的鷓鴣蚌，也有幾十公斤的重量。剛從海底撈起來的蚌，肉質鮮美，用海水清洗蚌肉後，可以像生魚片般地切片直接吃；蚌柱部分佐以檸檬汁，口感尤佳。在海底，鷓鴣蚌通常開著殼，取食水中的小動物，受到刺激時才閉起殼自衛。相傳在海底潛泳或捕魚時，手或腳一旦不小心被牠夾住而無法脫身，只有死路一條。其實這是不正確的，因為鷓鴣蚌的蚌殼邊緣有明顯的紫色，牠白色大型的外套膜也很顯目，手或腳誤踏入蚌殼的可能性很低；而且鷓鴣蚌關閉蚌殼的動作相當緩慢，有十分鐘的充裕時間可以把手或腳移出來。

椰子蟹是寄居蟹的同類，廣泛分布於太平洋熱帶地區的海邊及島嶼，大型者體長三十公分、重達二～三公斤，是陸棲甲殼類中體型最大的，牠白天躲在洞裡，晚上才出來活動，爬上椰子樹。椰子蟹以掉在地上的椰子為主食，牠用像人拳頭般大的剪肢在椰子上開個洞，取食裡面的椰肉，椰子蟹的名字就是從這而來的。但在沒有椰子的地方，牠會取食林投的果實，也會取食各種動物的屍體，甚至出現在農田取食芋頭、小米等。雖然牠具有紫黑色的體色，但水煮後會變成比龍蝦更濃的深紅色，蟹肉則呈白色、具有彈性。由於牠以椰肉為主食，蟹肉的脂肪含量甚高。

大蝙蝠是近千種蝙蝠中最大型的，有些翅展超過一公尺，由於臉部有點像狐狸，因而有flying fox的英文名。牠以果實、花蜜、花粉等為食物，不像許多其他種類蝙蝠以昆蟲維生。由於不必追捕昆蟲，牠不具有發出超音波回音定位的功能，但視覺較發達。據說大蝙蝠煮湯，味道極佳，蝙蝠肉類似雞肉，但比雞肉更好吃。當地原住民通常趁著傍晚大蝙蝠進院子取食果實時，用石頭丟牠，因此不少原住民是技術不錯的棒球投手，但接球的技術就差多了。

這些呈現當地風土文化的佳餚，在關島、塞班島等觀光勝地，受到喜歡嘗鮮的觀光客的青睞，不僅價格漲得有些離譜，而且面臨供不應求、需從島外進口的局面。但值得注意的是，牠們的數量日漸減少，已被國際保育組織列為保育類動物，還是別碰為妙。其實許多「龍肝鳳髓」級的食物，可能都取自於珍稀動物，食用前，最好探聽清楚，以免觸法。

【龍爭虎鬥】

比喻各強爭鬥的激烈場面。又作「龍戰虎爭」、「龍爭虎戰」、「虎鬥龍爭」。

在明清章回小說或戲劇中，常可看到這則形容激烈爭鬥的成語，在類似的成語「兩虎相鬥」（見〈鳥獸篇〉第42頁）單元中，我曾下了「獅虎相爭，難分高下」的結論，那麼龍虎爭鬥時會如何？其實龍是我們想像的動物，龍、虎哪有相爭的機會？

在西方基督教文明裡，大龍就是古蛇，就是撒旦；在中國古代，龍、蛇因形體相近常並稱，蛇也被稱為小龍。在此就以蛇代替龍，來談談蛇虎爭鬥時會有如何的場面。

關於巨蛇的傳說不少，據稱有體長達三十公尺的大蛇，但這不過是「應該有這麼長的大蛇」或「身體看來應該有這麼長」之類想當然耳的臆測，不值得採信。至今可以確定體長紀錄最長的是網紋蟒蛇的十一公尺，與南美水蛇的十一．四三公尺。目前最重的蛇達三百二十四公斤，一般為二百二十公斤左右；記錄比較可靠的最大蛇，是長八．二八公尺、重一百三十四公斤的網紋蟒蛇。在東非曾發生體長近四．五公尺的蟒蛇絞死湖畔洗衣婦人的不幸意外，具備這種體長的蛇，應有直徑四十公分的腹部。

至於老虎的體型，目前較可靠的最大型紀錄是，體長三．二二公尺、體重三百八十八公斤；雄虎的平均體長為二．八公尺，體重為一百九十公斤。老虎在獵捕成功後，一次可取食自己體重五分之一的肉。因此，飢餓時的老虎與飽食後的老虎，在體重上有明顯的差異。

雖然從體重來看，蟒蛇一般都比老虎輕，但牠有一項本事就是，能夠讓嘴巴張大近一百八十度，吞下幾十公斤重的獵物，例如曾有體長達七．三公尺的南美水蛇，吞下體重五十六．六公斤的野豬的紀錄。試想蛇和虎這兩種體型完全不同的動物爭鬥時會如何？如果巨蛇能夠綁住老虎的身體，可能老虎就沒有勝算了。

在一些探險紀錄片中，曾出現南美水蛇絞死美洲虎的畫面，但這些應是很特殊的情形。還有些紀錄片中，有虎蛇相鬥或獅蛇對決的鏡頭，但那不過是把兩隻沒什麼鬥志的動物關在籠子裡讓牠們打鬥，所以從這些影片根本無法判斷牠們的高下。倒是在老虎胃中發現蟒蛇身體或蟒蛇的寄生蟲的例子較多，但未見蛇的消化管裡有老虎成獸殘餘的紀錄。

虎蛇之戰中，應是老虎佔上風。這是因為老虎是恆溫動物，體溫較高，所以能保持靈敏的反應和動作；相反地，蛇是變溫動物，通常體溫較低，反應較慢，除非老虎受傷或年邁而行動不便，最大的蟒蛇也難敵老虎猛迅的攻擊。雖然變溫動物在行動、反應上有這種缺點，但由於牠能依氣溫變化而改變體溫，所以不需攝取大量的食物來維持體溫。通常吞下大型獵物的蛇，可以半年以上的時間不取食，而身體依然保持健康。

即使在虎蛇之戰中，老虎勝算較大，但兩者為了避免兩敗俱傷，通常不會硬碰硬，除非老虎遇到小蛇或蟒蛇遇到幼虎，或者為了自衛不得不動武，否則應該很少出現所謂的「龍爭蛇鬥」的場面。

【龍馭上賓】

乘龍升天，為天帝之賓。是君王過世的諱飾語。又作「龍禦上賓」。

《史記．封禪書》記載：「黃帝採首山銅，鑄鼎於荊山下。鼎既成，有龍垂胡涘下迎黃帝。黃帝上騎，群臣後宮從上者七十餘人，龍乃上去。」後世就用「龍馭上賓」來表示帝王之死。

在人類社會裡，各國依其國情，對君王或元首有不同的厚葬方式，此外必須處理的另一件大事就是決定繼位人選。王位的繼承人，雖多以嫡長子為先，但也依國情、體制及時代而異，有末子為皇太子的，有如清朝的密封，或如奧圖曼土耳其帝國，在諸皇子中，先趕回京城坐上王位的稱帝等等。那麼在與人類家庭社會結構有異曲同工之妙的社會性昆蟲，例如蜜蜂、螞蟻、白蟻等的社會裡，當統治王國的女王駕崩，誰來繼位呢？在此就以白蟻為例，來看看牠們決定王位繼承者的機制。

先來談談白蟻與螞蟻社會的構造。白蟻與螞蟻雖然都有個「蟻」字，但類緣關係很遠。白蟻屬於不完全變態類，沒有蛹期；螞蟻屬於完全變態類，幼蟲經過蛹期才變為成蟲。在白蟻的社會裡，有蟻王、蟻后、工蟻與兵蟻，其中蟻王與蟻后是雄性及雌性成蟲，工蟻、兵蟻由雌、雄性的老齡若蟲擔任。但螞蟻的社會大多只由女王與工蟻組成，只有少數種類的螞蟻有兵蟻階級，工蟻與兵蟻都是雌性成蟲。準備當女王的螞蟻羽化出來，和雄蟻交尾後，便拿掉翅膀，潛入土裡，開始創造牠的螞蟻王國。

女王蟻雖然只交尾一次，但得到大量精子，足夠牠產下幾萬或幾十萬粒受精卵，因此交尾後不再需要雄性的國王。但白蟻蟻后體內並沒有可以貯藏精子的貯精囊，仍然需要與國王交尾以補充精子。例如一種在巢中培養菇類當食物的養菌白蟻，若沒有蟻王，蟻后只能在以後的十至十五天內產下受精卵。

當專司交尾、產卵的蟻王與蟻后過世時，會發生什麼情形？當然依白蟻的種類而有所不同。就較進化的養菌性白蟻來說，當孵化若蟲進入第二齡期時，就已注定以後當工蟻、兵蟻或備位蟻王或蟻后的命運了。以後要當工蟻或兵蟻的，只要經過三次蛻皮；但當備位蟻王或蟻后的，至少要經過五次蛻皮，先變成前成蟲，前成蟲再蛻皮一次，才變成有翅膀的真正成蟲，飛到空中尋偶、交尾，建立自己的家園。

但在前成蟲時期，蟻王或蟻后死亡，或一個白蟻社會因故變成兩個以上，新形成的社會暫缺蟻王或蟻后時，備位者會急速發育生殖器官，準備接續王位，如果這時正好沒有前成蟲，該白蟻王國就會滅亡。在一些較低等的白蟻社會裡，當蟻王、蟻后發生變故時，多隻若蟲、前成蟲會同時蛻皮，變成備位型成蟲，並相互爭鬥，最後除了一對雌、雄性成蟲能登上大位，其他的都變成老齡若蟲的食物。登上王位的過程之曲折，不亞於人類歷史中的一些宮廷王位爭奪戰。

【龍潭虎穴】

指龍潛伏的深淵，老虎藏身的洞穴。比喻很危險的地方。又作「虎穴龍潭」、「龍潭虎窟」。

其實自然環境對每一種動物來說，都是龍潭虎穴，都是危機四伏的地方。例如，三億年前石炭紀生活在巨型羊齒森林裡的蟑螂祖先，雖然當時沒有捕食牠們的蟲食性動物，也沒有把牠們當作寄主的寄生蜂，但周遭仍有不少危機。

從當時的大氣條件推測，穿過濃霧射入森林的紫外線相當激烈，為了避免紫外線的照射，蟑螂祖先發展出在陰蔽處生活的習性。此外，牠們也把身體弄成扁平狀，並用褐色的體色來對抗紫外線的曬射。羊齒植物老朽後，會產生一些落葉、倒木，當時尚未出現能將地上植物體踩碎的大型脊椎動物，以致落葉、倒木散落滿地，蟑螂祖先在這種地方走動時，腳常被纏住，為了脫身，只好犧牲那隻腳，因此蟑螂的腳變得較易掉落。後來肉食性、掠食性動物相繼出現，蟑螂的生存危機更加提高，牠們常埋伏在陰蔽處，看到蟑螂才突然跳出來掠食或追捕。不過，蟑螂也不是省油的燈，發展出靈敏的感覺系統，很快就發現掠食者的存在，而以疾跑等方法逃生。

動物面對險阻的環境，為了求活圖存，無不使出渾身解數，例如利用警戒色、擬態、保護色、偽裝等手法，甚至以群居生活來提高自衛能力。但牠們並非每次都可以死裡逃生，因為在野外，還有些自然的陷阱，美國洛杉磯郊外的拉布里瀝青坑（La Brea Tar Pits）就是最著名的一例。

瀝青坑就是焦油沼，是從土壤等滲出來的黏稠焦油蓄積而成的沼澤，沼面在雨水的被蓋下，看來就像普通的湖沼。有些警覺性不夠的動物為了喝水，一腳踏進焦油沼，當發現不對勁時，想抽身而退已來不及了。因為腳一旦踏進去，整個身體就被困住，愈是掙扎就愈陷愈深。在此送命的不只是草食性動物，也有肉食性動物，牠們顯然是為了捕捉困在焦油沼的草食性動物而喪命。在上述油沼中，發現的掠食性鳥獸的骨骼數，達草食者的十倍之多，其中包括棲息於洪積世（更新世，二百萬～一萬年前）的二千多隻劍齒虎骨骼。

然而，有時最危險的地方就是最安全的地方。分布在東南亞、馬達加斯加等地的豬籠草，是出了名的食蟲植物，葉尖有著開口朝上的壺狀物，那就是它的捕蟲囊，從這裡分泌一種特有的甜甜的氣味引誘昆蟲進入。昆蟲一旦進到囊底，就會被能分解幾丁質與蛋白質酵素的消化液溶解，成為豬籠草的養分。原來豬籠草生長的地方，土質大多很貧瘠，不得不用這種方法吸收養分維生。但令人驚訝的是，在比我們的胃酸更具強酸性的豬籠草消化液裡，竟然有一些蚊子幼蟲（孑孓）生活著，牠們取食消化液中已溶解的昆蟲身體，原來牠們的外表皮會分泌抗消化酵素的另一種酵素，來反制豬籠草的捕食。

由於捕食孑孓的害敵不敢進犯，孑孓可以在這裡順利發育，平安度過幼蟲期；於是原本的「龍潭虎穴」，反成了安身立命之所。不過道高一尺魔高一丈，仍有一些蜘蛛停在捕蟲囊裡的側面，等著取食羽化後的蚊子。這些冒著失足掉進囊底危險的蜘蛛，也是當之無愧的生活在「龍潭虎穴」的動物。

「龍潭」一詞也讓我想起了英國蘇格蘭北部的尼斯湖（Loch Ness）。這個細長形的湖，面積五十六．四平方公里，長約三十六公里，寬約一．六公里，深約一百八十二公尺，最深處達二百二十六公尺，冬天不結冰，有包括鱒魚在內的多種魚，一九三三年四月十四日在此首次發現「恐龍」，即尼斯湖水怪（Nessie）。

那天傍晚，一對經營小旅館的夫妻在附近小鎮買東西回家途中，停車欣賞湖畔的夕陽，忽然湖裡起了兩次大浪，只見一隻巨蛇般的怪獸在湖中翻騰，然後潛入湖底。

數天後，他們把這件事告訴在當地經營報社的友人，該報於五月二日刊出消息，引起各界注意。後來大家才發現，早在十七、十八世紀，就有人自稱目睹尼斯湖水怪，十九世紀末期以來，類似的傳聞也未曾間斷。最早談到尼斯湖水怪的相關記載，可追溯到公元五六五年聖哥倫巴（St. Columba）用驅魔祈禱趕走尼斯湖水怪的傳說。

一九三三年夏天，又有十多人先後聲稱看到水怪在湖裡游泳或在岸上爬行。根據他們的描述，水怪有光滑暗色的身體，體長約七～十公尺，背上有二、三個雞冠似的瘤狀突起，頭雖小，脖子細長，有一對大眼睛，看來有點像已絕跡的蛇頸龍。據推測，牠雖有二～三公噸的體重，但跑得比馬還要快，邊跑邊搖晃著頭和脖子。一九三八、一九三九年間，水怪數度出現的消息甚囂塵上，有人也提供影像不甚清晰的水怪照片佐證。

經過十多年的平靜日子後，至一九五〇年間，水怪傳聞再起波瀾，水怪「出現」頻率增加，坊間並出現數本相關書籍，包括BBC在內的英國各大媒體也爭相報導；但不知為何，牠的照片都相當模糊，讓人無法掌握牠細部的體態。一九六一年，英國政府為了了解水怪真相，成立「尼斯湖調查辦事處」，並高價懸賞清晰的水怪照片，但此舉卻引來有心人士偽造多張照片；一九七二年在多種因素干擾下，該辦事處被迫關閉。此後美國、日本的探險隊曾利用最新攝影、探索儀器，發掘水怪的真相，但至今未得到突破性的證據。

尼斯湖水怪到底存不存在？它是沉沒於湖中的大腐木受到內部醱酵的氣體作用而忽然升起來的一種現象嗎？多年來眾說紛紜，不過自然科學者大多否定水怪的存在。不管牠存不存在，有關牠的傳說異想，早已成為尼斯湖地區最重要的資產，讓該地成為美麗且謎樣的觀光勝地。

【烹龍炮鳳】

形容豪華奢侈的珍饈。又作「炮鳳烹龍」、「炮鳳煮龍」、「炮龍烹鳳」、「炰鳳烹龍」、「煮鳳烹龍」、「炙鳳烹龍」。

在中國文化裡，龍與鳳凰是象徵富貴吉祥且具有靈性的傳說動物，中國人慣常以龍、鳳比喻帝王或豪傑。若真以如此高貴的動物為食材，必是難得一嘗的絕美餚饌。雖然中國菜裡沒有真正的「烹龍炮鳳」，但有所謂的宮廷名菜、滿漢全席等傳世，為人所津津樂道。

在五千年的中國歷史裡，歷代都有豪華餚饌的紀事，司馬遷的《史記》裡就記載，殷商末年（公元前一〇一〇年左右）紂王的酒池肉林。紂王以酒為池，懸肉為林，過著極端奢侈縱慾的生活，這可能是最早的「烹龍炮鳳」紀錄，不過此時似乎是量重於質，這從「奢侈」二字就可以想像。奢由「大」、「者」合成，侈是「人」和

「多」。參與宴飲的人多，供應的食物也多，才算盛會。三、四世紀魏晉時代的《世說新語．汰侈篇》，在描繪豪門貴族窮奢極慾的糜爛生活時，曾提到以蠟燭炊飯，以人奶餵飼肉質肥美的豬等不可思議之事。

成書於十六世紀中晚期的《金瓶梅》，雖以情色小說聞名，其中也不乏「烹龍炮鳳」的場面，例如第四十九回中，記載西門慶第二夫人李嬌兒的生日宴會時佳餚滿桌，有「一龍戲二珠湯」等多種奇菜。十八世紀末清代的《紅樓夢》書中也記了不少富貴人家的珍饈，其中第四十一回的「茄鯗」讓初次進大觀園的劉姥姥讚不絕口。根據鳳姐的描述，它的作法是「把才下來的茄子把皮籤了，只要淨肉，切成碎丁子，用雞油炸了，再用雞脯子肉並香菌、新筍、蘑菇、五香腐干、各色乾果子，俱切成釘子，用雞湯煨乾，將香油一收，外加糟油一拌，盛在瓷罐子裡封嚴，要吃時拿出來，用炒的雞瓜一拌就是了。」

然而，上述這些宴飲風華和滿漢全席比起來，仍是小巫見大巫。大清王朝自一六四四年定都北京後，逐漸將滿族的飲食風格和漢族的烹調藝術相結合，形成了代表中國菜肴最高水準的宮廷御膳——滿漢全席。現存的膳底檔，以乾隆和慈禧的最多，這或許和他們統治時間較長，及對飲食很講究有關。不過，慈禧吃的滿漢全席比起乾隆的更為精緻，且將其中的精華引入平日的膳食。清代帝后奢華之最，可說非慈禧太后莫屬。

根據光緒七年（一八八一）六月二十五日慈禧的膳底檔，當日早膳如下：

海碗菜二品：金銀喜字鴨羹，八仙鴨子。

大碗菜四品：燕窩「喜」字口蘑燜鴨子、燕窩「壽」字三鮮肥雞、燕窩「平」字金銀鴨子、燕窩「安」字什錦雞絲。

懷碗菜四品：燕窩肥雞絲、大炒肉炖海參、荸薺蜜汁火腿、鮮蝦丸子。

碟菜六品：燕窩炒窩燒雞絲、大炒肉燜玉蘭片、炸八件、肉丁果子醬、榆蘑炒肉片、拌蟹肉。

片盤二品：掛爐鴨子、掛爐豬。

餑餑四品：蘋果饅首、如意卷、白糖油糕、苜蓿糕；燕窩八仙湯一品。

克食二桌：蒸食四盤、爐食四盤、羊肉四盤、豬肉四盤。

當然晚膳就更豐富了。想來西太后真正取食的不過只有其中幾樣，其他的恐怕都進了侍臣或太監的肚子裡。大費周章的「烹龍炮鳳」，不過只是為了滿足虛榮心罷了。

【鳳凰來儀】

鳳凰來舞，儀表非凡。指吉祥的徵兆。

這則成語出自《書經．益稷》：「簫韶九成，鳳凰來儀。」鳳凰是古代傳說的百鳥之王，歌聲美麗，儀態出眾，牠的出現代表吉兆。

中國自古就有蒼龍（青龍）、白虎、朱雀、玄武所謂的「四神」或「四獸」，及麒麟、鳳凰、龜、龍所謂的「四靈」。其中朱雀又名朱鳥，指的就是代表南方的鳳凰。鳳凰原有雌雄之別，雄的叫鳳，雌的叫凰，但自龍鳳相提並論後，鳳凰似乎都被雌化了。由於鳳凰被視為神鳥、祥獸，冠上鳳凰的物品，多帶有吉祥或珍貴的意涵，跟鳳凰有關的成語也不例外，例如「鳳毛麟角」形容稀罕珍貴的人或物，「鳳閣龍樓」比喻帝王之居，「鳳凰于飛」表示夫婦和睦恩愛，「眉橫丹鳳」用來形容女子美麗的眉毛，「夢吐白鳳」形容才思豪邁，「鳳冠霞帔」形容后妃的冠飾或嫁服，「烹龍煮鳳」、「龍肝鳳髓」指難得的佳餚。

鳳凰在殷商時代已被用作民族的圖騰，當時的銅器上有大量的鳳紋，鳳長冠長尾，勾喙利爪，眼圓睜而巨大。在河南安陽出土的甲骨文中，也可以看到鳳的象形文字，風、鳳同一字，看來大抵像一隻孔雀。戰國時代的楚國，對鳳尤其尊敬，因楚人相信祖先祝融為火神兼雷神，是鳳的化身。楚人並以鳳來比喻傑出、聖德的人物，例如《論語．微子》記載，楚國狂人接輿對孔子作歌道：「鳳兮鳳兮！何德之衰？往者不可諫，來者猶可追。已而，已而！今之從政者殆而！」感歎孔子的德行不適合於當今亂世。楚國詩人屈原在詩作中，也常以鳳凰比喻賢能之人。

然而至戰國時代末期，少見描述鳳形體的文獻。《山海經》記道：「有鳥焉，其狀如雞，五采而文，名曰鳳皇。」此後，鳳凰的形象愈變愈複雜，郭璞在注解成書於戰國末年的《爾雅》時，對鳳凰的形體有如下的描述：「雞頭，蛇頸，燕頷，龜背、魚尾、五彩色，高六尺許。」不過這已是公元四世紀初的西晉時代了，這樣具體的描述，實是綜合前人數百年來想像、美化後的結果。

關於鳳凰的原形有很多種說法，如錦雞、孔雀、鷹鷲、鵠、玄鳥（燕子）等。更有學者推測，牠是古人把「雉雞」美化及神話化後的產物。鳳凰雖是集百鳥之風采，但從歷代文獻、文物所記錄的鳳凰形象來看，鳳凰似乎和孔雀比較像。在佛教神話中，孔雀不僅從鳳凰而生，也是五大坐騎之一，與眾鳥同在極樂淨土宣示佛法，地位顯要神聖。原來佛教聖地的印度北部，七、八月雨季來臨之時，也是孔雀的求偶、交尾期，到處可以聽見雄孔雀的叫聲，也能看到牠開屏的身影，人們很自然地就對牠產生好感，認為牠是趕走灼熱旱季帶來慈雨的神鳥。

唐代以後，隨著佛教在中國的盛行，孔雀的吉祥鳥形象更加穩固。或許因為這樣，清代表示官品的冠飾都用孔雀羽毛，名為花翎，以翎眼（羽毛中的花紋）的多寡區分官吏等級。只有一個圓斑的叫「單眼」，表示五品以上的官，雙眼用於大臣、蒙特恩者，三眼只有皇族才能用。

也有人把產於馬來半島、蘇門答臘及婆羅洲的珍禽青鸞（*Argusianus argus*）稱作鳳凰。雌鳥體長約三十～四十公分，尾長三十～三十六公分，有明顯的羽冠，雄鳥體長約六十～六十六公分，尾羽可長達一百四十公分，但羽毛顏色都沒有傳說中的鳳凰那般豔麗。

有意思的是，在西方神話裡也有一些類似鳳凰的神鳥。其中最有名的是希臘神話裡的不死鳥Phoenix，不過牠的外形比較像鷹，而非孔雀。傳說這隻美麗長壽的神鳥，每五百年會自焚一次，浴火而重生。不少學者認為不死鳥的概念，其實源自埃及神話裡，外形像鷺，被視為太陽神化身的神鳥Benu。

【天上麒麟】

稱讚他人的兒子穎慧出眾。又作「天上石麟」。

這則成語出自唐代杜甫的〈徐卿二子歌〉：「君不見徐卿二子生絕奇，感應吉夢相追隨。孔子釋氏親抱送，並是天上麒麟兒。」《南史．卷六十二．徐陵傳》中也有「天上石麒麟」一詞，都是用來讚美別人的兒子。

麒麟是傳說中的祥獸，與龍、鳳、龜並稱為四靈，古書對牠外形的描繪，形狀像麇鹿，有馬蹄、牛尾、魚鱗，背上有五彩毛紋，腹部有黃色毛，頭上有一支角，角上有肉，雄的叫麟，雌的叫麒，統稱麒麟。對牠性情的描繪，則是生性仁厚溫和，不傷人畜，不踐踏青草和昆蟲，行走的路線像圓規畫的圓圈那般規矩，被稱為「仁獸」。

民間流傳有聖人在世或太平盛世，麒麟才會出現，而帝王的興衰也與麒麟出現與否，有密切的關係，因此歷代帝王的宮殿花園，常可見到麒麟的雕像或彩繪。漢武帝曾命人在長安的未央宮建立麒麟閣，展示功臣的圖像，從此麒麟也和功高權重的將相連在一起；唐代武則天時，賜給三品以上武將的袍服就有麒麟的紋飾，稱為麒麟袍；清代武官的一品官服也繡有麒麟。

其實麒麟也好，龍也好，鳳凰也好，甚至西方神話中的人面獅子、飛馬等，都是由兩種以上動物的特徵組合而成的，可見人們既希望牠像一般熟知的動物那般可親，又期待牠有驚天動地的獨特外形。

相對於中國的麒麟，西方也有獨角的幻獸，即獨角獸（unicorn）。《聖經．舊約．申命記》第三十三章第十七節中出現的Monoceros指的就是獨角之獸。在公元前四世紀的古希臘典籍中，也有關於獨角獸的記載，羅馬博物學家普林尼曾對牠作了比較詳細的描述，說牠是一種暴躁兇殘的野獸，難以活捉，身體像馬，頭像鹿，腳像大象，尾巴像野豬，吼聲低沉有力，額頭上有一支黑色的犄角。相傳獨角獸的角具有神奇的療效，能過濾塵埃和毒物，將角磨成粉和藥水調配，可以防止許多疾病。

中世紀以後，獨角獸成為權力、尊貴和純潔的象徵，蘇格蘭王室的紋章就以牠為圖案。這時期也有不少關於獨角獸的傳奇故事，其中最著名的情節，就是強悍的獨角獸被少女迷人的體香所馴服，安靜地伏在少女的腳前。因此，中世紀製作的不少花氈上，可以看到百花盛開的花園中，一隻獨角獸溫順地坐在少女對面的場景。

附帶一提，棲息於北極洋的獨角鯨（*Monodon monoceros*，一角鯨），英文名字也叫unicorn，有人認為牠是獨角獸的原型。牠體長達六公尺，重約一．六公噸，有一根螺旋狀的長牙從左上顎突出，乍看很像從頭部長出來的角，故有此名。這根長牙長達二．七公尺、直徑約十公分，能感應水的溫度、壓力、粒子濃度等變化。過去認為這根長牙的用途是挖掘海底的砂粒以便覓食，但由於雌鯨沒有長牙，現在多認為是雄鯨間在尋偶期搶奪雌鯨時用的武器，類似昆蟲中獨角仙雄蟲的頭角功能。

【喜獲麟兒】

祝賀人家獲得子嗣的吉祥話。

自古以來，麒麟就被認為是祥獸，是太平盛世的象徵，麒麟的出現表示有聖人、將相、賢士之才誕生。尤其民間有「麒麟送子」的傳說，相傳麒麟會給人們帶來兒子，使家族興旺。

相傳孔子出生之前，有一隻麒麟來到他家院裡，口吐玉書，書上記載他的命運，說他是王侯的後裔，卻生逢亂世。這「麟吐玉書」的故事，讓麒麟送子的傳說更加盛行。在民間許多版畫中，常常可以看到童子手持蓮花，乘著麒麟與祥雲而來的景致。很自然地，在祝賀他人得子的場合，就常會提到麒麟，例如「鳳雛麟子」、「麟趾呈祥」、「天上麒麟兒，地下狀元郎」等。

麒麟送子的傳說，也讓人想起西方的送子鳥白鸛（*Ciconia ciconia*）。白鸛廣泛分布於歐洲、亞洲，長頸長腳，全身白色，但肩部與翅端的羽毛是黑色，眼睛周圍呈紅色。分布在歐洲的白鸛嘴喙呈紅色，分布在亞洲的嘴喙呈黑色，因此有些專家視牠們為不同的亞種。白鸛不會鳴叫，而是以敲擊上下嘴喙的方式，發出卡哆卡哆聲來溝通，取食小魚、青蛙、蛇及昆蟲維生。每年春天，牠們會從遙遠的非洲南部越冬地飛回北方繁殖。牠們不怕人，喜歡在有人居住的地區活動，且築巢在住家的屋頂上。

長久以來，歐洲許多國家都流傳著嬰兒是由大嘴喙的白鸛叼到每一戶人家的煙囪丟下，誰家屋頂有白鸛造巢，那家就會傳來小孩誕生的喜訊。這種說法最早來自於日耳曼的童話故事，後來在英國維多利亞女王時代（一八三七～一九〇一）廣為流傳。當時的家長面對孩子「我從哪裡來？」的疑問，都回以「是送子鳥把你叼來的」，以避免觸及性愛的問題。這當然是很荒唐的說法，想想看，翼幅約一百五十公分，體重三、四公斤的白鸛，如何叼得起重約三公斤的新生兒？脖子哪受得了？

有些新生兒的頸背會有泛紅的胎記，這種不規則的斑塊其實是血管擴張的一種現象，多半過幾年就會消失，不過它卻有個美好溫馨的英文名字stork bites（送子鳥之啄）。

【鵬程萬里】

以大鵬鳥一飛數千里，來比喻前程遠大，無可限量。常用作臨別贈言。又作「萬里鵬程」、「萬里鵬翼」、「鯤鵬展翅」。

【相似詞】前程似錦、長風萬里、雲路鵬程。

這則成語出自《莊子．逍遙遊》：「北冥有魚，其名為鯤，鯤之大不知其幾千里也，化而為鳥，其名為鵬，鵬之背不知其幾千里也。怒而飛，其翼若垂天之雲。」後人都以鵬來象徵遠大的志向及豪邁的氣概。

在莊子的寓言裡，鵬是由北海一種巨大的鯤魚變成的，牠的翅膀張開時，就像懸在天邊的雲，可以「水擊三千里、摶扶搖而上者九萬里」。從字面的形容推測，鵬是一種大型海鳥，善於飛翔、遷移，但牠應只是神話傳說中的動物。甚至有人從字源推測，鵬即鳳的古字，鵬和鳳凰同出一源，來自遠古先民的同一種圖騰，都是代表

「風」的神鳥。

事實上，一些歷史較悠久的民族都有關於巨鳥或神鳥的傳說，古印度有金翅神鳥迦羅樓（Garuda），古波斯有蛋落下可摧毀三百多棵樹、淹沒六百多個村莊的思摩夫（Simurgh），南美的先住民有能致使雷雨閃電大作的雷鳥（Thunderbird），希伯來神話有巨鳥西茲（Ziz），非洲神話裡有以大象餵小孩的洛克巨鳥（Rok）等，這是一個很有意思的現象，多少反映出遠古時代人類對自然、天象的敬畏與恐慌。

來看看真實的自然界，哪種鳥體型最大？在已知約兩萬種的鳥類中，駝鳥是現存最大型的鳥，高約二百五十～二百七十五公分，體重約一百四十五公斤。信天翁翼展達三～四公尺，是最大型的海鳥，一小時可橫越一百一十三公里的海面，十二天可飛行五千公里。不少候鳥能作長距離的遷移，飛到數千里以外的地區越冬。其中最有名的就是北極燕鷗（*Sterna paradisaea*）來回長達三萬多公里的遷移。北極燕鷗體長不到四十公分，每年七、八月向南方遷徙，在十二月到達南極附近，一直逗留到翌年三月初，再飛回北極。是什麼樣的生理機制，能進行如此驚人的長途飛行？

根據鳥類生態學者的調查，候鳥可以靠著體內蓄積的脂肪，連續飛翔九百五十公里，狀況好時，還可以飛到二千五百公里。雖然飛機的飛行距離遠比候鳥長許多，兩者很難作比較，但人類集尖端科技精粹所開發的巨型噴射機，其飛行機制與早在一億五千萬年前即出現於地球的鳥類，有著巧妙的共同性，實在令人驚訝。

美洲黃足鷸（*Tringa incana*）是如椋鳥大小的一種候鳥，夏季在西伯利亞東部繁殖，冬季遷移到澳洲，直線距離超過一萬公里，途中會在海濱、河邊略作休息並覓食。美洲黃足鷸每飛翔九十公里，消耗掉一公克的脂肪。這樣看來，與牠體型大致相同的黑鶇，以四十公里的時速飛翔十六個小時，橫越六百五十公里的日本海，再從西伯利亞飛回棲息地日本，並不離譜。但想想最輕型的摩托車，一公升的汽油能夠跑多少公里？比較之下才知道，黑鶇的省油工夫是如何高超了。過去男人一天能步行四十公里，據說忍者能走一百至一百五十公里，這當然是常人無法做到的特技，但是和候鳥比起來，還是小巫見大巫。

雖然鵬不存在，但用「鵬程萬里」來祝福別人前程遠大，被祝福的人總是充滿喜悅，心情振奮，對未來充滿期待的。

【飲鴆止渴】

為了解渴而喝毒酒。比喻只求解決眼前困難，而不顧將來的大禍患。又作「止渴飲鴆」。

【相似詞】 挖肉補瘡、剜肉補瘡。

這則成語出自《後漢書．卷四十八．霍諝傳》：「豈有觸冒死禍，以解細微？譬猶療飢於附子，止渴於鴆毒，未入腸胃，已絕咽喉，豈可為哉！」相傳用鴆的羽毛浸泡的酒（酖），毒性很強，喝了會致死，所以飲鴆止不了渴，反而會送命。

古人對鴆有許多穿鑿附會的傳說。相傳鴆是一種紫黑色的毒鳥，以蛇類為主食，用牠的羽毛浸泡的酒也叫做鴆（酖）。有些人為了解愁喝悶酒，結果喝上癮，最後得了酒精依賴症，如此的酗酒成性，也可算是某種程度的「飲鴆止渴」了。現代社會中，借助酒精追求靈感或創意而至中毒的作家、藝術家，大有人在。

公元前，中亞有個小國的國王叫米德里雅特（Mitridates），由於當時暗殺王族高官的風氣盛行，相傳他平常就服用少量毒藥來提高身體的抗毒性，後來，他的抗毒性竟然強到與敵手喝毒酒還能夠殺死對方。有一次，他不幸戰敗被捕，由於不堪凌辱，想仰毒自盡，然而抗毒性作祟，讓他無法如願死去。既有這樣的傳聞，米德里雅特的名字遂被放在一種有毒斑蝶（*Euploea mithridates*）的學名上。

話題再回到「飲鴆止渴」。公元前四、五世紀的《春秋左氏傳》提到，「酖」是浸泡鴆鳥而成的一種毒酒，常用來毒殺政敵。此外，在《國語》、《離騷》、《韓非子》、《史記》、《漢書》等史籍，也都有使用鴆毒的記載；而東漢時期編纂的《神農本草經》中，已有犀角可以解鴆羽之毒的說法。

到了六世紀的魏晉南朝時代，陶弘景以《神農本草經》為主，匯整當時的藥學研究，編成《本草經集注》，一共記載七百三十種藥材，其中歸於「有名無用」之類，即有名字但實際不存在的，共有一百七十三種，鴆鳥之名竟然在其中，顯然陶弘景認為鴆鳥不存在。

到了唐代，蘇敬等人於公元六五九年增補《本草經集注》，撰成《新修本草》，收錄了八百五十種藥材，鴆鳥毛也列在裡面，並在〈卷二十．有名無用〉對鴆有以下的描述：「鴆鳥，狀如孔雀，五色雜斑，高碩，黑頸，赤喙，出交廣深山中……鴆毛羽，不可近人，而並治毒蛇。帶鴆喙，亦辟蛇。昔時皆用鴆毛為毒酒，故名酒。」不過至今未曾在華南、中南半島發現類似鴆鳥的鳥。

走筆至此，倒是讓我想起分布在非洲疏林草原的鷺鷹（*Sagittarius serpentarius*），牠以如鷺般的長腳捕捉蛇類維生，食物中應該也包含不少毒蛇，但牠的羽毛是否有毒，未見相關資料。分布於台灣與中國大陸的大冠鷲（*Spilornis cheela*，蛇鵰），也以蛇為主食，但不能據此判斷牠是毒鳥。事實上，動物利用有毒物質自衛的例子，在一些昆蟲、蜘蛛、蠍子、毒蛇、蛙類等身上都可以看到，但過去幾乎未曾發現有毒的鳥。直到一九九二年，在新幾內亞發現了一種毒鳥——黑頭林鵙鶲（*Pitohui dichrous*）。

根據捕捉到該鳥的人描述，若用嘴巴舔拭被咬的傷口，口腔會感覺痲痺，用舌頭去舔羽毛，也會立刻打噴嚏，而且口腔、鼻腔的黏膜會感覺灼熱。後來在試驗室中，以酒精抽取該鳥羽毛的浸漬液二十五毫克，注射在小白鼠身上，在短短的十五至二十分鐘內，小白鼠就中毒身亡。據分析，其有毒成分和南美原住民製造毒箭時，利用的箭毒蛙（*Phyllobates*）的成分相同。由此可知，黑頭林鵙鶲的毒性有多強，難怪老鷹、蛇等捕食者，對牠都是敬而遠之。

雖然鴆與黑頭林鵙鶲在外形上完全不同，分布地域也離了六、七千公里遠，而且首次記錄的時間相差二千多年，但想到牠們的羽毛都有毒，都是蛇的死對頭，還是覺得不可思議。莫非真有鴆這種鳥？

後記

終於做完兩書二百零七則動物成（諺）語的「驗明正身」工作了。脫稿的那一刻，我的心情真是輕鬆無比。說起這段過程，可謂「苦中有樂」、「樂中有苦」。說「樂」，當然是因為我在撰寫的過程裡，涉獵不少新知；說「苦」，最重要的原因是，這些成語涉及的層面相當廣泛，對才疏學淺的我而言，是極大的挑戰，同時也深深感覺自己中文素養的不足。令我大傷腦筋的還有，如何為這些有趣且實用的成語排順序。

由於中國博物學的起源在本草學，我索性參考它，將本書分成獸、鳥、魚、蟲四大部分，另外加上包括龍、鳳在內的傳說動物，合計五大類。其中，「蟲」的範圍較廣，除了昆蟲外，還包括爬蟲、兩棲、蜘蛛、貝類等。不同於一般中文詞書照部首或筆畫的作法，各大類之下動物的出現順序，主要依據現今動物分類系統的原則排列，盡量從高等排到低等。所謂的「高等」，指的是「較進化」，「低等」是指「原始型」。跟該動物有關的成語，則單純地以筆畫多少來決定順序，字數超過四字的成語放在最後。此外，書中只針對較特殊或中文名尚不統一的動物附上學名，一般性的動物或大家比較熟悉的動物就不列學名。

在自序中我曾提過，跟動物有關的成語超過一千條，這兩本書僅列出其中的二百零七則，除了因為有些成語意思很類似，我便挑選其中一則來談，如「對牛彈琴」、「對牛鼓簧」、「對驢撫琴」，我僅選擇「對牛彈琴」，主要在於篇幅及時間所限。像「膽小如鼠」、「鴉巢生鳳」、「庖丁解牛」、「風馬牛不相及」等我們很熟悉的許多成語，在本書並未提到，只能以遺珠之憾視之，若還有時間容我繼續執筆，我會逐一介紹它們，但我更期待有人能就未提的成語，著手寫出比本書更精采的成語趣譚或散文，甚至推出「動物成語大全」。

由於每則成語單元基本上以一千字為原則，因此不少篇章只是借題發揮，點到為止，意猶未盡。以猴子為例，可以談的很多，包括猴子的分類地位，每種猴子的分布情形及特徵、生活習性，各種猴子間的類緣關係，及現在甚受專家重視的社會結構及行為機制等，但為了不使成語失焦，淪為配角，我盡量扣緊成語來談。有些成語我並非從表面的字意來談，而是天馬行空地引申到其他動物，看似「掛羊頭賣狗肉」，不過細心的讀者會發現其中還是有一些道理或關聯。

在此要特別向以下幾位學術界、保育界先進致謝：李玲玲、李偉文、林良恭、金恆鑣、洪蘭、陳寶忠、劉小如等教授及先進（謹按筆劃排），他們願意推薦本書，不僅令我受寵若驚，也讓我覺得欣慰和倍受鼓舞。

感謝為本書撰寫推薦序的國立中興大學昆蟲學系楊曼妙教授。談到與楊教授的情誼，可以追溯到一九八五年間，當時她正在探討桑木蝨複合種生殖隔離的問題，我們時有切磋的機會。她那開朗可親的態度，始終令我印象深刻。她擠出時間，為本書寫一些介紹，令我感動，在此表達我由衷的謝意。

最後也要感謝張碧員、游紫玲兩位編輯小姐，在本書撰寫期間，給我許多的支持和鼓勵，並提供一些寶貴的意見。徐偉先生對書稿的精心編排，及接納我要求的雅量，也令我感佩萬分。沒有他們甘心樂意的付出，這本書是出不來的。

綠指環百聞館 07

成語動物學【蟲魚傳說動物篇】

閱讀成語背後的故事

作者——朱耀沂
繪圖——朱耀沂
主編——張碧員
責任編輯——劉枚瑛
特約編輯——游紫玲、連秋香

版權——黃淑敏、吳亭儀、邱珮芸
行銷業務——黃崇華、周佑潔、張媖茜
總編輯——何宜珍
總經理——彭之琬
事業群總經理——黃淑貞
發行人——何飛鵬
法律顧問——元禾法律事務所 王子文律師
出版——商周出版
台北市104中山區民生東路二段141號9樓
電話:(02) 2500-7008　傳真:(02) 2500-7759
E-mail:bwp.service@cite.com.tw
Blog:http://bwp25007008.pixnet.net./blog
發行——英屬蓋曼群島商家庭傳媒股份有限公司城邦分公司
台北市104中山區民生東路二段141號2樓
書虫客服專線:(02)2500-7718、(02) 2500-7719
服務時間:週一至週五上午09:30-12:00;下午13:30-17:00
24小時傳真專線:(02) 2500-1990;(02) 2500-1991
劃撥帳號:19863813　戶名:書虫股份有限公司
讀者服務信箱:service@readingclub.com.tw
城邦讀書花園:www.cite.com.tw
香港發行所——城邦(香港)出版集團有限公司
香港灣仔駱克道193號超商業中心1樓
電話:(852) 25086231傳真:(852) 25789337
E-mailL:hkcite@biznetvigator.com
馬新發行所——城邦(馬新)出版集團【Cité (M) Sdn. Bhd】
41, Jalan Radin Anum, Bandar Baru Sri Petaling,
57000 Kuala Lumpur, Malaysia.
電話:(603)90578822　傳真:(603)90576622
E-mail:cite@cite.com.my

封面設計——廖韡
內頁編排——copy
印刷——卡樂彩色製版印刷有限公司
經銷商——聯合發行股份有限公司　電話:(02)2917-8022　傳真:(02)2911-0053

2007年(民96)1月初版
2021年(民110)2月2日2版
定價380元　Printed in Taiwan　
ISBN 978-986-477-864-5　城邦讀書花園 www.cite.com.tw

國家圖書館出版品預行編目(CIP)資料
成語動物學. 蟲魚傳說動物篇 / 朱耀沂著. -- 2版. -- 臺北市 : 商周出版 : 家庭傳媒城邦分公司發行, 民109.09
288面 ;14.8×21公分. --(綠指環百聞館 ; 7)　ISBN 978-986-477-864-5(平裝)
1. 漢語　2. 成語　3. 動物　4. 通俗作品　802.1839　109008440

蟲魚傳說

蟲魚傳說